PROBLEME DER ATOMDYNAMIK

ERSTER TEIL:
DIE STRUKTUR DES ATOMS

ZWEITER TEIL:
DIE GITTERTHEORIE DES FESTEN ZUSTANDES

DREISSIG VORLESUNGEN,
GEHALTEN IM WINTERSEMESTER 1925/26
AM MASSACHUSETTS INSTITUTE
OF TECHNOLOGY

VON

MAX BORN
PROFESSOR DER THEORETISCHEN PHYSIK
AN DER UNIVERSITÄT GÖTTINGEN

MIT 42 ABBILDUNGEN
UND EINER TAFEL

BERLIN
VERLAG VON JULIUS SPRINGER
1926

ISBN 978-3-642-98785-4 ISBN 978-3-642-99600-9 (eBook)
DOI 10.1007/978-3-642-99600-9

Aus dem Vorwort zur englischen Ausgabe.

Die Vorlesungen, die hier gedruckt vorliegen, sind genau in dem Umfange, wie sie vom 14. Nov. 1925 bis zum 22. Jan. 1926 am Massachusetts-Institute of Technology in Cambridge (Mass.) gehalten wurden, ohne nachträgliche Ergänzungen niedergeschrieben worden. Sie sollen kein Lehrbuch sein — deren gibt es genug —, sondern eine Darstellung der Forschung auf denjenigen Gebieten der Physik, an denen ich selbst mitgearbeitet habe und die ich daher einigermaßen zu übersehen glaube. Ich konnte bei der kurzen Zeit, die zur Verfügung stand, weder Vollständigkeit anstreben, noch Einzelheiten berücksichtigen. Mein Ziel war Mitteilung der Methoden, der wesentlichen Forschungsziele und der wichtigsten Ergebnisse. Zitate habe ich vermieden und Autorennamen nur gelegentlich genannt; ich bitte hier gleich alle Fachgenossen um Vergebung, deren Nennung vergessen worden ist.

Die Vorlesungen über Gittertheorie sind hauptsächlich ein Referat über einige Abschnitte meines Buches „Atomtheorie des festen Zustandes“ und über die seit dem Erscheinen desselben veröffentlichten Arbeiten auf diesen Gebieten.

Ebenso schließen sich die Vorlesungen über Atomstruktur anfangs an mein Buch „Atommechanik“ an, gehen dann aber bald zu einem andern Standpunkt über. Als ich den Kursus begann, war gerade die erste Arbeit HEISENBERGS erschienen, in der er mit genialem Griff der Quantentheorie eine neue Wendung gab; die Arbeit von JORDAN und mir, in der die Matrizenrechnung als adäquate Formulierung dieser Gedanken erkannt wurde, war im Druck, und eine dritte Arbeit von uns dreien gemeinsam im Manuskript nahezu fertig. Die in der letzteren enthaltenen Ergebnisse ließen mich nicht daran zweifeln, daß die neuen Methoden den älteren überlegen sind; doch konnte ich mich nicht entschließen, gleich mit der neuen Quantentheorie anzufangen. Das hieße nicht nur der ungeheuren Leistung BOHRS ihr Recht kürzen, sondern auch dem Hörer oder Leser die natürliche und wunderbare Entwicklung eines Gedankens vorenthalten. Daher habe ich mit einer Darstellung der BOHRschen Theorie als einer Anwendung der klassischen Mechanik begonnen, aber mehr, als sonst üblich, ihre Schwächen und gedanklichen Härten betont. Es ist wohl überflüssig, auszusprechen, daß dies nur zur Begründung der Notwendigkeit einer neuen Auffassung geschehen ist und keinerlei Kritik an BOHRS unsterblichem Werke bedeutet. Während des Fortgangs der Vorlesung wurden mir weitere Erfolge der neuen Methoden bekannt; einige von diesen konnte ich noch der Vorlesung einfügen, wie die PAULIsche Theorie des Wasserstoffatoms; andere wenigstens andeuten, wie die von N. WIENER und mir versuchte Theorie aperiodischer Vorgänge mit Hilfe einer allgemeinen Operator-Rechnung. Diese Abschnitte sind weniger ein Bericht über wissenschaftliche Ergebnisse, als eine Aufzählung der Probleme, die uns Theoretiker gerade am meisten beschäftigen.

Cambridge, den 22. Januar 1926.

Max Born.

Vorwort zur deutschen Ausgabe.

In der kurzen Zeit zwischen dem Ende meiner Cambridger Vorlesungen und der Drucklegung dieser deutschen Ausgabe hat sich die neue Quantenmechanik so entwickelt, daß es mir nicht angängig erschien, die neuen Resultate unberücksichtigt zu lassen. Das vorliegende kleine Buch unterscheidet sich daher erheblich von der englischen Ausgabe, nicht nur im Inhalt, sondern auch im Tone der Darstellung; während dort die neuen Methoden entwickelt wurden mit der begründeten Hoffnung, daß sie zur Lösung der Probleme des Atombaues beitragen würden, konnten hier für zahlreiche Probleme die Lösungen mitgeteilt werden. Der große Fortschritt beruht ebensosehr auf der neuen Quantenmechanik, wie auf dem Modell des Elektrons mit Eigenrotation nach UHLENBECK und GOUDSMIT, durch das die von PAULI und HEISENBERG begründete Auffassung der Elektronenbahnen mit je vier Quantenzahlen der quantitativen Durchrechnung zugänglich gemacht wurde. Leider konnten die schönen Methoden von DIRAC nur erwähnt werden; die fundamentalen Zusammenhänge, die SCHRÖDINGER neuerdings zwischen der Quantenmechanik einerseits, den DE BROGLIEschen Wellen und der BOSE-EINSTEINschen Statistik andererseits hergestellt hat, mußten ganz unberücksichtigt bleiben. Ich hoffe, daß der Inhalt des kleinen Buches trotz seiner Beschränkungen als Ganzes wirkt und dazu beiträgt, die Überzeugung von der Richtigkeit des eingeschlagenen Weges zu stärken und zu verbreiten.

Bei der Umarbeitung und den Korrekturen haben mir die Herren H. MÜLLER in Cambridge Mass., Dr. P. JORDAN und Dr. O. BOLLNOW in Göttingen in freundlicher Weise geholfen wofür ich ihnen aufs herzlichste danke. Auch dem Verlage, der, zur Verhütung eines nochmaligen „Veraltens“ des Inhalts den Druck besonders eilig betrieben hat, möchte ich meinen Dank an dieser Stelle aussprechen.

Göttingen, 21. April 1926.

Max Born.

Inhaltsverzeichnis.

2. Teil. **Die Gittertheorie des festen Zustandes.**

1. Teil.

Die Struktur des Atoms.

1. Vorlesung.

Vergleich zwischen der klassischen Kontinuumstheorie und der Quantentheorie. Die wichtigsten experimentellen Resultate über die Struktur des Atoms. Allgemeine Prinzipien der Quantentheorie. Beispiele.

Die heutige Physik steht durchaus auf dem Boden der Atomtheorie. Durch experimentelle und theoretische Forschung sind wir zu der Überzeugung gekommen, daß die Materie nicht beliebig teilbar ist, sondern daß es letzte Einheiten des Stoffes gibt, die nicht weiter zerlegt werden können. Allerdings sind es nicht die Atome der Chemie, die wir zur Führung des Namens „die Unteilbaren“ für berechtigt halten. Vielmehr sind die chemischen Atome nach neueren Untersuchungen recht verwickelt aufgebaute Strukturen aus kleineren Elementarkörpern. Dies sind nach der Ansicht der heutigen Forschung die Atome der Elektrizität, die (negativen) Elektronen und die (positiven) Protonen. Man könnte nun geneigt sein, zu glauben, daß eine spätere Epoche der Wissenschaft auch diesen Standpunkt überwinden und zu noch kleineren Einheiten vordringen wird. In diesem Falle könnte die philosophische Bedeutung der Atomistik nicht sehr hoch gewertet werden; die letzten Einheiten wären nichts Absolutes, sondern nur ein Symbol für den augenblicklichen Stand der Forschung. Aber ich glaube nicht, daß es so ist; ich glaube, daß man hoffen darf, daß es sich hier nicht um eine endlose Kette von Zerlegungen handelt, sondern daß wir dem Ende nahe sind, es vielleicht erreicht haben. Die Gründe, die man für diesen Optimismus vorbringen kann, liegen weniger in der experimentellen Evidenz der Realität von Atomen, Protonen und Elektronen, die die neuere Physik geliefert hat, als vielmehr in dem besonderen Charakter der Gesetze, welche im Gebiete der Wechselwirkung der elektrischen Elementarteilchen gelten. Diese Gesetze haben in der Tat Eigenschaften, die uns den Schluß erlauben, daß wir definitiven Formulierungen nahe sind.

Eine solche Behauptung mag vermessen erscheinen. Denn alle Philosophien aller Zeiten haben gelehrt, daß menschliches Wissen Stückwerk ist, daß jedes Ziel der Erkenntnis nur erreicht worden ist, um uns neue Rätsel aufzugeben. Auch in der Physik hat bisher jedes Resultat, das eine Zeit als Naturgesetz proklamierte, nach einigen Jahren oder Dezennien oder Jahrhunderten fallen müssen, weil neue Forschung neue Erkenntnis brachte, und wir sind gewohnt, die wahren Naturgesetze als unerreichbare Ideale, die sogenannten Naturgesetze der Physik aber als immer bessere Annäherungen an jene wahren Gesetze anzusehen. Wenn ich nun sage, daß gewisse Formulierungen der Gesetze in der heutigen Atomistik einen Charakter haben, der in gewissem Sinne endgültig ist, jedenfalls nicht in das Schema der allmählichen Annäherung an die Wahrheit paßt, so muß ich das näher begründen.

Dieser besondere Charakter der Atomprozesse beruht in dem Auftreten ganzer Zahlen. Wir behaupten nicht nur, daß in irgendeinem Körper, sagen wir in einem Stück Metall, eine bestimmte endliche Anzahl von Atomen oder von Elektronen vorhanden sei; sondern wir behaupten viel weitergehend, daß auch der Zustand eines einzelnen Atoms und die bei der Wechselwirkung mehrerer Atome auftretenden Prozesse durch ganze Zahlen beschrieben werden können. Dies ist der Inhalt der sogenannten „Quantentheorie“, deren fundamentale Bedeutung nicht nur in ihren praktischen Ergebnissen, sondern vor allem auf der hier betrachteten philosophischen Folgerung beruht. Um den Gedanken zu erläutern, betrachten wir einen kleinen Körper, der sich auf einer geraden Linie bewegen kann. Nach den gewöhnlichen Vorstellungen kann er zu irgendeiner Zeit an irgendeiner Stelle sein. Will man diese Stelle festlegen, so hat man etwa die Koordinate x des Punktes von irgendeinem festen Nullpunkte aus anzugeben.

Die Genauigkeit dieser Angabe aber hängt vollständig ab von den experimentellen Mitteln der Beobachtung; wenn x stetig veränderlich ist, so kann eine exaktere Messung immer eine neue Dezimale hinzufinden. Im Gebiete der Atomvorgänge aber scheinen ganz andere Verhältnisse vorzuliegen. Wir können sie vergleichen mit dem Verhalten unseres Körpers, wenn wir uns diesen als unendlich klein vorstellen und ihm nur erlauben, sich an gewissen diskreten Punkten aufzuhalten, die wir mit 1, 2, 3, 4 ... numerieren wollen. Die Koordinate x kann also nur Werte 1, 2, 3, 4,... annehmen, nicht etwa $\frac{1}{2}$ oder 3,7. So verhalten sich in der Tat die sogenannten „Quantenzahlen", mit denen wir heute die Zustände der Atome beschreiben.

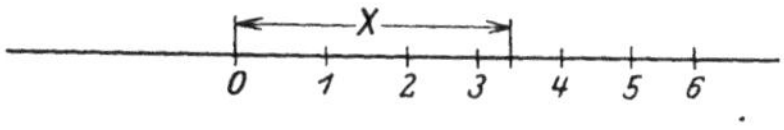

Abb. 1.

Wenn sich dieses Verfahren bewährt, so stehen wir offenbar hinsichtlich des Fortschrittes unserer Erkenntnis vor einer neuen Lage. Denn wenn die Werte von x absolut genau ganzzahlig sein sollen, so kann an einer einmal vorgenommenen Bestimmung einer solchen Zahl nichts mehr geändert werden. Wenn einmal entschieden ist, daß x gewiß nicht gleich 1 und gewiß nicht gleich 3, 4, 5 oder gar einer größeren Zahl ist, so bleibt für x eben nur der Wert 2 übrig, und eine genauere Messung kann daran nichts ändern. Wir haben also in der Tat definitive Elemente in den Aussagen unserer Naturgesetze, und es scheint die Tendenz vorhanden zu sein, daß diese Gesetze überhaupt im wesentlichen als Beziehungen zwischen ganzen Zahlen diesen definitiven Charakter bekommen. Es ist also wohl nicht zuviel gesagt, daß das Jahr 1900, in welchem Max Planck die Quantentheorie aufstellte, den Anfang einer durchaus neuartigen Naturauffassung bedeutet.

Die Theorie der Materie, wie sie bis heute gehandhabt wurde, war von einer so extremen Auffassung noch recht weit entfernt. Um ihren Standpunkt zu kennzeichnen, betrachten wir wieder unseren Körper auf der geraden Linie mit der Koordinate x; dann entspricht die heutige Quantentheorie etwa dem, daß man zwar zunächst x alle möglichen kontinuierlich verteilten Werte annehmen läßt, dann aber durch sogenannte „Quantenbedingungen" die ganzzahligen Werte von x als „stationäre Zustände" hervorhebt. Diese Auffassung ist recht wenig befriedigend. Darum haben wir in unserem Göttinger Institut uns bemüht, eine neue Formulierung der Quantentheorie zu finden, in der nur jene ganzen Werte der Zahl x auftreten und die Frage nach den dazwischenliegenden gebrochenen Werten keinen Sinn hat. Diese neue Theorie hat sich insofern bewährt, als einige der ernsten begrifflichen Schwierigkeiten der bisher üblichen Quantentheorie darin nicht mehr auftreten. Andrerseits führen die Rechnungen auf neuartige mathematische Probleme, die erst durch eingehende Untersuchungen verschiedener Forscher lösbar geworden sind. Darum möchte ich meine Vorlesungen nicht mit dieser neuen Theorie anfangen, sondern einen kurzen Überblick über die ältere vorausschicken.

Lassen Sie mich an die wichtigsten Ergebnisse der experimentellen Erforschung des Atombaus erinnern.

Unter diesen steht an der Spitze die von LENARD und RUTHERFORD entwickelte Vorstellung, daß das Atom aus einem *positiven Kern* besteht, der von *negativen Elektronen* umgeben ist. Das einfachste Atom, das des Wasserstoffs, besteht aus einem Elektron, das um den einfachsten Kern, das Proton, kreist; beide haben eine Ladung vom gleichen Betrage $e = 4{,}77 \cdot 10^{-10}$ E.S.E., aber verschiedene Massen, die im Verhältnis 1:1830 stehen. Die Kerne der anderen Atome sind verwickelt aus Protonen und Elektronen zusammengesetzt, wie aus den Erscheinungen der Radioaktivität hervorgeht. Aber in diesen Vorlesungen wollen wir uns nicht mit der Kernstruktur beschäftigen. Wir wollen die Kerne als Massenpunkte behandeln mit einer Ladung, die ein ganzes Vielfaches Z der oben angegebenen Elementarladung e ist. Diese Zahl Z wird „Atomnummer" genannt und bestimmt die Stellung des Atoms im periodischen System der Elemente. Im neutralen Atom ist die Anzahl der Elektronen ebenfalls gleich Z; in den negativen Ionen ist sie größer, in den positiven kleiner als Z.

Die Kräfte, die die Elektronen an den Kern binden, sind sicherlich von elektrischer Art. Das ist bewiesen durch die Versuche LENARDS über die Zerstreuung von Kathodenstrahlen und die RUTHERFORDS und seiner Schüler über die Zerstreuung von α-Strahlen, durch die gezeigt wurde, daß das COULOMBsche Gesetz sicherlich noch in den Entfernungen vom

Kern gilt, die in der hier behandelten Theorie in Betracht kommen[1]).

Die Annahme rein elektrischer Kräfte führt aber zu ernsten Schwierigkeiten. Es gilt ein mathematischer Satz, wonach ein System von elektrischen Ladungen niemals im stabilen Gleichgewicht sein kann; daher war RUTHERFORD zu der Annahme gezwungen, daß die Elektronen sich um die Kerne bewegen, in solcher Weise, daß die Fliehkräfte gerade die Resultante der elektrischen Kräfte kompensieren. Aber wenn die elektromagnetischen Gesetze auf ein solches System angewandt werden dürfen, so muß es Energie ausstrahlen so lange, bis das Elektron in den Kern fällt. Eine zweite Schwierigkeit bemerkt man vom Standpunkt der kinetischen Gastheorie aus. Wir wissen, daß jedes Molekül oder Atom eines Gases unter normalen Bedingungen etwa hundertmillionenmal pro Sekunde zusammenstößt. Wenn die gewöhnlichen Gesetze der Mechanik hier gelten würden, so hätte man bei jedem Zusammenstoß eine kleine Änderung der Elektronenbahnen zu erwarten, und diese Änderungen würden sich derart anhäufen, daß nach einer Sekunde die Atomstruktur eine völlig andere geworden sein müßte. Aber wir wissen, daß jedes Molekül ganz bestimmte, unveränderliche Eigenschaften hat. Darum ist es notwendig, sich nach einem Stabilitätsprinzip umzusehen, daß offenbar aus den Gesetzen der gewöhnlichen Mechanik nicht abgeleitet werden kann.

NIELS BOHR hat dieses Prinzip angegeben, indem er die Regeln der *Quantentheorie* auf die atomaren Systeme anwandte. Diese Regeln waren von MAX PLANCK beim Studium der Gesetze der Wärmestrahlung entwickelt worden. Er hatte gezeigt, daß es unmöglich ist, die spektrale Verteilung der von einem schwarzen Körper ausgestrahlten Energie zu erklären, wenn man die übliche Annahme macht, daß die Energie in beliebig kleine Teile aufgeteilt werden kann; daß man aber zu

[1]) Neuere Untersuchungen von BIELER, RUTHERFORD und CHADWICK über die Ablenkung von Röntgenstrahlen an leichten Atomen können nach DEBYE und HARDMEIER so gedeutet werden, daß der Kern elektrisch polarisierbar ist. Wenngleich er also nicht immer als elektrische Punktladung aufgefaßt werden kann, verhält er sich doch jedenfalls wie ein System elektrischer Ladungen.

einer Erklärung gelangt durch die Annahme von Energiequanta der endlichen Große $h\nu$, wo ν die Frequenz der Strahlung, und h eine Konstante vom Betrage $h = 6{,}54 \cdot 10^{-27}$ erg. sec. ist. Dieser merkwürdige Gedanke hat sich äußerst fruchtbar für die Entwicklung der Physik erwiesen; denn es hat sich gezeigt, daß diese Konstante h und das Quantum $h\nu$ eine wichtige Rolle in zahlreichen Erscheinungen spielen. So wird beim lichtelektrischen Effekt die kinetische Energie des Photoelektrons gegeben durch $\frac{m}{2} v^2 = h\nu$, wo ν die Frequenz der einfallenden Strahlung ist. Dieses von Einstein aufgestellte Gesetz ist von Millikan und andern experimentell bestätigt worden und lieferte den direkten Beweis für die Existenz des Quantums. Es folgten zahlreiche Experimente ähnlicher Art, von denen ich nur eine Gruppe erwähnen will, nämlich die Beziehung zwischen kinetischer Energie eines Elektrons und der Frequenz des Lichtes, das durch den Stoß dieses Elektrons gegen ein Atom erzeugt wird, Versuche, die zuerst von Franck und Hertz angestellt und später von Compton, Foote, Mohler und andern, vor allem amerikanischen Physikern, entwickelt worden sind.

Alle diese Experimente zeigen, daß die Erzeugung einer Strahlung von einer bestimmten Frequenz einen bestimmten Betrag an kinetischer Energie erfordert. Niels Bohrs Grundannahme läuft nun darauf hinaus, daß dieses Gesetz nicht nur zwischen kinetischer Energie und Strahlung, sondern zwischen jeder Art von Energie und Strahlung gilt. Auf diese Weise fand er eine sehr einfache Interpretation der Tatsache, daß isolierte Atome (in hochverdünnten Gasen) ein Linienspektrum emittieren, d. h. ein System monochromatischer Lichtwellen. Er nimmt an, daß das Einsteinsche Gesetz für die Emission einer Spektrallinie in der Weise anzuwenden ist, daß bei diesem Prozeß die innere Energie des Atoms um einen endlichen Betrag $W_1 - W_2$ abnimmt, durch den die Frequenz ν des Lichtes nach der Gleichung

$$W_1 - W_2 = h\nu \tag{1}$$

bestimmt ist.

Um das ganze System der Linien eines Atoms zu erklären, nimmt Bohr die Existenz eines Systems von sogenannten

„stationären Zuständen“ an, in denen das Atom ohne Energieverlust durch Strahlung existieren kann, indem es seine Energiewerte $W_1, W_2, W_3, \ldots$ behält. Auf diese Weise erscheint die Frequenz jeder Spektrallinie als Differenz zweier „Terme“ $\frac{W_1}{h}$ und $\frac{W_2}{h}$, in vollständiger Übereinstimmung mit der wohlbekannten optischen Tatsache, die man das „RYDBERG-RITZsche Kombinationsprinzip“ nennt. Zugleich hebt die Hypothese die Schwierigkeiten bezüglich der Stabilität der Atome auf, von der wir oben sprachen; denn die zur Überführung eines Atoms von einem stationären Zustand in den andern nötige Energie ist groß, größer als die bei gewöhnlichen Temperaturen in der Wärmebewegung verfügbare Energie, und darum muß das Atom unverändert bleiben.

Diese Annahmen stehen im schärfsten Widerspruch zur klassischen Dynamik. Aber da wir von den genauen Gesetzen der neuen Theorie zunächst so gut wie nichts wissen, so wollen wir die klassischen Gesetze gebrauchen, solange es irgendwie geht; und wenn es nicht mehr geht, wollen wir Änderungen anzubringen suchen. Die Hauptfrage wird die Bestimmung der stationären Zustände und ihrer Energien sein. Aber zuvor wollen wir mit EINSTEIN zeigen, daß BOHRS Prinzip genügt, um eine sehr einfache Ableitung der PLANCKschen Formel für die Strahlung eines schwarzen Körpers zu geben.

Wir betrachten zwei stationäre Zustände W_1 und W_2 ($W_1 > W_2$); im stationären Gleichgewicht mögen sie in den Anzahlen N_1 und N_2 vorkommen. Dann gilt nach dem BOLTZMANNschen Prinzip

$$\frac{N_2}{N_1} = \frac{e^{-\frac{W_2}{kT}}}{e^{-\frac{W_1}{kT}}} = e^{\frac{W_1 - W_2}{kT}}$$

und nach BOHRS Frequenzbedingung

$$\frac{N_2}{N_1} = e^{\frac{h\nu}{kT}}$$

In der klassischen Theorie besteht die Wechselwirkung eines atomaren Systems mit der Strahlung aus drei Prozessen:

1. Wenn das Atom in einem Zustande höherer Energie ist, verliert es spontan Energie durch Ausstrahlung.

2. Das äußere Strahlungsfeld vermehrt oder vermindert die Energie des Atoms je nach den Amplituden und Phasen, die in ihm enthalten sind. Wir nennen diese Prozesse:

a) Positive Einstrahlung, wenn das Atom Energie gewinnt,

b) Negative Einstrahlung, wenn es Energie verliert.

In diesen beiden Fällen sind die Beiträge der Prozesse zur Energieänderung der Strahlungsdichte ϱ_ν proportional.

In Analogie damit nehmen wir für die quantenhafte Wechselwirkung drei entsprechende Prozesse an. Folgende Übergänge sollen zwischen den Energieniveaus W_1 und W_2 vorkommen:

1. Spontane Energieabnahme durch Übergänge von W_1 nach W_2. Die Häufigkeit dieser Prozesse ist der Anzahl N_1 der Atome im Ausgangszustande W_1 proportional, übrigens auch von dem Endzustande abhängig. Wir schreiben daher für die Zahl dieser Übergänge:

$$A_{12} N_1 .$$

2a) Energiezunahme durch das Strahlungsfeld (Übergänge von W_2 nach W_1), für ihre Anzahl schreiben wir in entsprechender Weise:

$$B_{21} N_2 \varrho_\nu .$$

2b) Energieabnahme durch das Strahlungsfeld (Übergänge von W_1 nach W_2); ihre Anzahl sei

$$B_{12} N_1 \varrho_\nu .$$

Im statistischen Gleichgewicht zwischen den Zuständen W_1 und W_2 muß gelten

$$A_{12} N_1 = (B_{21} N_2 - B_{12} N_1) \varrho_\nu ,$$

woraus folgt

$$\varrho_\nu = \frac{A_{12}}{B_{21} \frac{N_2}{N_1} - B_{12}} = \frac{A_{12}}{B_{21} e^{\frac{h\nu}{kT}} - B_{12}} , \qquad (2)$$

Man wird naturgemäß annehmen, daß die klassischen Gesetze Grenzfälle der Quantengesetze sind. Hier wird es sich um den Grenzfall hoher Temperaturen handeln, wo $h\nu$ klein ist im Verhältnis zu kT. Unter dieser Bedingung muß die Gl. (2) in das klassische Gesetz von RAYLEIGH und JEANS übergehen:

$$\varrho_\nu = \frac{8\pi}{c^3}\nu^2 kT.$$

Nun hat (2) für große Werte von T die Form

$$\varrho_\nu = \frac{A_{12}}{B_{21} - B_{12} + B_{21}\frac{h\nu}{kT} + \cdots}$$

Die beiden letzten Ausdrücke werden identisch, wenn

$$B_{12} = B_{21}$$

$$\frac{A_{12}}{B_{12}} = \frac{8\pi}{c^3}\nu^3 h.$$

Setzen wir das in (2) ein, so erhalten wir die PLANCKsche Strahlungsformel:

$$\varrho_\nu = \frac{8\pi h}{c^3}\frac{\nu^3}{e^{\frac{h\nu}{kT}} - 1}.$$

Wir sehen, daß die Gültigkeit dieses Gesetzes ganz unabhängig ist von der Bestimmung der stationären Zustände.

Nunmehr wollen wir uns dem Problem der Festlegung der stationären Zustände zuwenden. Das einfachste Modell eines strahlenden Systems ist der harmonische Oszillator; dessen Bewegungsgleichung lautet

$$m\ddot{q} + \varkappa q = 0,$$

wo q der Abstand des bewegten Massenpunktes von der Gleichgewichtslage, m seine Masse und $\varkappa$ eine Konstante bedeutet, die mit der Eigenfrequenz ν_0 durch die Beziehung

$$\varkappa = m(2\pi\nu_0)^2$$

verbunden ist.

Die Bewegung eines Punktes gemäß dieser Gleichung steht in sehr engem Zusammenhange mit der Bewegung des Feldvektors in einer monochromatischen Lichtwelle. Die Annahme liegt nahe, daß die Frequenz eines solchen linearen Oszillators übereinstimmt mit der Frequenz des von ihm ausgesandten Lichtes. Dann folgt aus der BOHRschen Frequenzbedingung (1), daß die Energien der stationären Zustände des Oszillators die Differenzen $h\nu_0$ haben müssen: sie sind also (bei geeigneter Wahl der additiven Konstante)

$$W_0 = 0, \quad W_1 = h\nu_0, \quad W_2 = 2h\nu_0, \ldots, \quad W_n = nh\nu_0, \ldots.$$

Im Falle eines Freiheitsgrades ist die Bewegung vollständig durch die Energie bestimmt; in unserm einfachen Beispiel sind also jetzt die stationären Zustände vollständig bekannt:

$$q = \sqrt{\frac{W}{2\pi m\nu_0^2}} \cos(2\pi\nu_0 t + \delta).$$

Aus dem System der Energieniveaus kann man durch Bildung aller möglichen Differenzen das vollständige System der Spektrallinien ableiten:

$$\nu = \frac{1}{h}(nh\nu_0 - mh\nu_0) = \nu_0(n - m).$$

Wir sehen, daß das BOHRsche Prinzip für das emittierte Licht nicht nur die Grundfrequenz ν_0 liefert, wie die klassische Theorie, sondern außerdem die „Obertöne“ $\nu_0(n - m)$. Aber in diesem einfachen Falle des linearen Oszillators sollten wir doch erwarten, daß beide Theorien genau das gleiche Resultat ergeben; daraus sehen wir, daß wir ein neues Prinzip brauchen, um die überschüssigen Obertöne wegzuschaffen. BOHR hat dieses Prinzip unter dem Namen „Korrespondenzprinzip“ aufgestellt; er macht nämlich die Annahme, welche wir oben schon einmal gebraucht haben, daß die Quantengesetze in Grenzfällen in die klassischen Gesetze übergehen müssen. Wenn der Oszillator einen hohen Energieinhalt hat, d. h. wenn n groß ist, ist die Differenz benachbarter Energiestufen klein im Vergleich zu ihren absoluten Werten: dann kann die Reihe der W_n-Werte mit einem gewissen Grade der Annäherung als kontinuierlich angesehen werden, wie sie es in der klassischen Theorie wirklich ist. Darum nimmt BOHR an, daß in diesem Grenzfalle die klassische Theorie näherungsweise gültig sein wird. Dann kann das emittierte Licht klassisch berechnet werden; der Lichtvektor muß proportional sein dem elektrischen

Moment des schwingenden Systems. Im Falle einer Koordinate q ist dieses Moment eq, wo e die Ladung des bewegten Punktes ist, und für den Oszillator gilt

$$eq = e\sqrt{\frac{W}{2\pi m \nu_0^2}}\cos(2\pi\nu_0 t + \delta).$$

Im allgemeinen wird das Moment durch eine Fourierreihe darstellbar sein, die aus einer unendlichen Menge von Termen derselben Form besteht. Die Quadrate der Koeffizienten der Terme werden ein Maß sein für die Intensität des mit der entsprechenden Frequenz ausgesandten Lichtes (des „Obertons"); dieses Maß muß nun in dem betrachteten Grenzfall auch in der Quantentheorie angenähert gelten. Aber in einem Falle können wir sogar erwarten, daß diese Regel exakte Resultate liefert, nämlich wenn ein Fourierkoeffizient identisch Null wird. Dann dürfen wir annehmen, daß die entsprechende Frequenz überhaupt nicht emittiert wird und der korrespondierende Übergang nicht vorkommt. In unserm Falle sehen wir, daß die Fourierreihe nur einen Term hat, der dem Übergang $n - m = 1$ korrespondiert. Auf diese Weise reduziert das Bohrsche Korrespondenzprinzip die Anzahl der Frequenzen auf die der klassischen Theorie. Im vorliegenden Falle scheint das trivial zu sein, aber wie wir später sehen werden, gibt es in anderen Fällen wertvollen Aufschluß über die möglichen Übergänge.

Wir gehen jetzt zu komplizierteren Systemen über, zunächst solchen von einem Freiheitsgrad, aber einer beliebigen Energiefunktion. In einem System solcher Art haben wir — abgesehen von Bahnen, die ins Unendliche laufen — im allgemeinen periodische Bewegungen, bei denen die Koordinate q in eine Fourierreihe nach der Zeit t entwickelt werden kann. Man könnte daran denken, die stationären Zustände wie beim Oszillator dadurch zu bestimmen, daß man die Energie gleich einem Vielfachen von $h\nu$ setzt, wo $T = \frac{1}{\nu}$ die Periode der Bewegung ist, d. h. die Zeit eines vollen Umlaufes. Wir werden sehen, daß das nicht möglich ist infolge eines anderen Prinzips, dem letzten, das wir in diesem einleitenden Abschnitt erwähnen, der „Adiabatenhypothese" von Ehrenfest.

Wir betrachten die Wirkung einer äußeren Kraft auf das atomare System. Dabei haben wir zwei Grenzfälle: Konstante Kräfte und oszillierende Kräfte von hoher Frequenz. Wir wissen, daß im letzteren Falle die klassische Mechanik nicht anwendbar ist, denn die Wirkung des Lichtes besteht in der Erzeugung von Übergängen oder Quantensprüngen, die klassisch nicht beschrieben werden können. Nun betrachten wir die Wirkung einer nahezu konstanten, langsam veränderlichen Kraft. Aus der Annahme stationärer Zustände folgt, daß diese Kraft entweder gar keine Wirkung haben kann, oder einen endlichen Effekt, nämlich die Erzeugung eines Quantensprungs. Naturgemäß wird man annehmen, daß der letztere Fall immer unwahrscheinlicher wird, je langsamer die zeitliche Änderung der Kraft vor sich geht. So sehen wir, daß Größen, welche zur Festlegung der stationären Zustände geeignet sind, die Eigenschaft haben müssen, bei langsam veränderlichen Kräften sich nicht zu ändern. EHRENFEST nennt solche Größen „adiabatische Invarianten" wegen ihrer Analogie zu ähnlichen Größen in der Thermodynamik. Die Frage entsteht, ob es in der klassischen Mechanik überhaupt solche Größen gibt. Beim linearen Oszillator ist es nicht die Energie, die diese Eigenschaft hat, da die Frequenz ν sich unter dem Einfluß einer langsam veränderlichen Kraft ändert; aber man kann beweisen, daß das Verhältnis $\frac{W}{\nu}$ eine adiabatische Invariante ist. In der Tat kann unsere Festlegung der stationären Zustände des Oszillators so formuliert werden: Der Quotient $\frac{W}{\nu}$ nimmt die diskreten Werte $0h$, $1h$, $2h$, ... an. Eines der Ziele dieser Vorlesung wird sein, adiabatische Invarianten für jedes Atomsystem zu finden; wir werden zeigen, daß sie nicht nur für einfach periodische Systeme existieren, sondern auch für die größere Klasse der sogenannten „mehrfach periodischen Systeme".

Die Gesetze der Quantentheorie sind aufs engste verknüpft mit Periodizitätseigenschaften. Ein Prozeß, der in Rotationen und Schwingungen aufgelöst werden kann, fällt in ihren Bereich. Daher wollen wir zunächst daran gehen, möglichst allgemeine Systeme mit Periodizitätseigenschaften zu studieren.

2. Vorlesung.

Allgemeine Einführung in die Mechanik. Kanonische Gleichungen und kanonische Transformationen.

Die Gesetze der Mechanik lassen sich am kürzesten zusammenfassen mit Hilfe des Prinzips der kleinsten Wirkung in der HAMILTONschen Form

$$\int_{t_1}^{t_2} L\,dt = \text{Extremum}. \tag{1}$$

Hier ist die sogenannte LAGRANGEsche Funktion L abhängig von den Koordinaten und den Geschwindigkeitskomponenten, und das Extremum ist so zu verstehen, daß alle Bewegungen verglichen werden sollen, die von einem gegebenen Punkte Q_1 zur Zeit t_1 zu einem gegebenen Punkte Q_2 zur Zeit t_2 führen. Diese Formulierung hat den Vorteil, daß sie unabhängig ist vom Koordinatensystem. Wir werden im folgenden stets mit allgemeinen, voneinander unabhängigen Koordinaten $q_1, q_2, \ldots$ operieren.

Aus dem Variationsprinzip folgen durch Variieren die Bewegungsgleichung in der EULER-LAGRANGEschen Form:

$$\frac{d}{dt}\frac{\partial L}{\partial \dot{q}_k} - \frac{\partial L}{\partial q_k} = 0. \tag{2}$$

Wir geben den Ausdruck von L für drei wichtige Fälle an:

1. In der GALILEI-NEWTON*schen Mechanik* ist

$$L = T - U,$$

wo T die kinetische, U die potentielle Energie ist. Bezeichnen wir die Geschwindigkeitsvektoren mit $\mathfrak{v}_k$ und die Massen mit m_k, so ist

$$T = \frac{1}{2}\sum_k m_k \mathfrak{v}_k^2$$

und die Gleichungen (2) nehmen die NEWTONsche Form an:

$$\frac{d}{dt} m_k \mathfrak{v}_k = \mathfrak{K}_k, \tag{3}$$

wobei die Komponenten der Kräfte $\mathfrak{K}_k$ sich aus U durch Differenzieren ableiten lassen:

$$\mathfrak{K}_{kx} = -\frac{\partial U}{\partial x_k}, \ldots$$

2. In EINSTEINS *relativistischer Mechanik* ist

$$L = T^* - U,$$

wo

$$T^* = \sum_k m_k^0 c^2 \left(1 - \sqrt{1 - \left(\frac{v_k}{c}\right)^2}\right); \tag{4}$$

hier ist m_k^0 die Ruhmasse, v_k der Betrag der Geschwindigkeit, c die Lichtgeschwindigkeit. Dieses T^* ist verschieden von der kinetischen Energie

$$T = \sum_k m_k^0 c^2 \left(\frac{1}{\sqrt{1 - \left(\frac{v_k}{c}\right)^2}} - 1\right) \tag{5}$$

Auch hier lassen sich die Bewegungsgleichungen in der Form (3) schreiben, wobei jetzt die Masse von der Geschwindigkeit abhängt nach dem Gesetze:

$$m_k = \frac{m_k^0}{\sqrt{1 - \left(\frac{v_k}{c}\right)^2}}. \tag{6}$$

3. Wenn *magnetische Kräfte* auf das System wirken, ist

$$L = T - U - \frac{1}{c} \sum_k e_k \mathfrak{A}_k \mathfrak{v}_k, \tag{7}$$

wo e_k die Ladung eines Körpers und $\mathfrak{A}_k$ der Wert des Vektorpotentials an der Stelle des Körpers ist.

Die Bewegungsgleichungen sind von der 2. Ordnung in der Zeit. Es ist häufig bequem, sie in die doppelte Anzahl von Differentialgleichungen 1. Ordnung zu verwandeln. HAMILTON hat das in besonders symmetrischer Weise ausgeführt, indem er neben den Koordinaten q_k die Impulse

$$p_k = \frac{\partial L}{\partial \dot{q}_k} \tag{8}$$

als unbekannte Funktionen einführte und statt $L(q_1, \dot{q}_1, q_2, \dot{q}_2, \ldots)$ die Funktion

$$H(q_1, p_1, q_2, p_2, \ldots) = \sum_k \dot{q}_k p_k - L. \tag{9}$$

Dann geht das Variationsprinzip (1) über in

$$\int_{t_1}^{t_2} \left(\sum_k \dot{q}_k p_k - H(q_1 p_1, \ldots)\right) dt = \text{Extremum}, \tag{10}$$

und die EULER-LAGRANGEschen Gleichungen (2) nehmen die symmetrische Gestalt an:

$$\left.\begin{aligned} \dot{q}_k &= \frac{\partial H}{\partial p_k}, \\ \dot{p}_k &= -\frac{\partial H}{\partial q_k}. \end{aligned}\right\} \tag{11}$$

Sie gelten auch, wenn die HAMILTONsche Funktion H von der Zeit t explizite abhängt. Ist das nicht der Fall, so findet man

$$\frac{dH}{dt} = \sum_k \left(\frac{\partial H}{\partial q_k} \dot{q}_k + \frac{\partial H}{\partial p_k} \dot{p}_k\right) = 0,$$

oder

$$H = \text{konst}. \tag{12}$$

Wir wollen die Bedeutung von H in denselben 3 Fällen wie oben diskutieren:

1. In der GALILEI-NEWTON*schen Mechanik,* wo T eine homogene Funktion zweiten Grades der Geschwindigkeitskomponenten ist, gilt nach dem EULERschen Satze

$$2T = \sum_k \frac{\partial T}{\partial \dot{q}_k} \dot{q}_k = \sum_k \frac{\partial L}{\partial \dot{q}_k} \dot{q}_k = \sum_k p_k \dot{q}_k,$$

und daher wegen $L = T - U$ nach (9):

$$H = T + U.$$

H ist also die Gesamtenergie und (12) bedeutet das Gesetz von der Erhaltung der Energie. Das gilt aber nur für „Inertialsysteme", nicht für beschleunigte Koordinatensysteme. In solchen, z. B. in einem rotierenden System, ist zwar H konstant, hat aber eine andere Bedeutung.

2. In der *relativistischen Mechanik* findet man durch eine einfache Rechnung

$$H = \sum_k m_k^0 c^2 \left(\frac{1}{\sqrt{1 - \left(\frac{v_k}{c}\right)^2}} - 1\right) + U = T + U,$$

d. h. auch hier ist H die Gesamtenergie. Will man sie durch die Momente ausdrücken, so findet man für diese

$$\mathfrak{p}_k = m_k \mathfrak{v}_k = \frac{m_k^0 \mathfrak{v}_k}{\sqrt{1 - \left(\frac{\mathfrak{v}_k}{c}\right)^2}}$$

und durch Elimination der $\mathfrak{v}_k$:

$$H = \sum_k m_k^0 c^2 \left(\sqrt{1 + \frac{\mathfrak{p}_k^2}{(m_k^0)^2 c^2}} - 1 \right) + U. \tag{13}$$

3. In einem *Magnetfeld* besteht nicht einfache Proportionalität zwischen Geschwindigkeit und Moment, sondern man hat

$$\mathfrak{p}_k = m_k \mathfrak{v}_k - \frac{e_k}{c} \mathfrak{A}_k .$$

Aber auch in diesem Falle ist H die Totalenergie,

$$H = T + U;$$

führt man darin die Momente ein, so ergibt sich ein ziemlich verwickelter Ausdruck:

$$H = \sum_k \left(\frac{1}{2\,m_k} \mathfrak{p}_k^2 + \frac{e_k}{c\,m_k} \mathfrak{A}_k \mathfrak{p}_k + \frac{e_k^2}{2\,m_k c^2} \mathfrak{A}_k^2 \right) + U. \tag{14}$$

Ehe wir nun zur allgemeinen Integration der kanonischen Gleichungen übergehen, wollen wir einen einfachen Fall betrachten. Wenn die HAMILTONsche Funktion H unabhängig ist von einer Koordinate, z. B. q_1:

$$H = H(p_1, q_2, p_2, \ldots, t),$$

so folgt aus den kanonischen Gleichungen

$$\dot{p}_1 = 0, \qquad p_1 = \text{konst.}$$

Wir haben damit ein Integral der Gleichungen gefunden. Dieser Fall ist z. B. realisiert, wenn q_1 der Drehwinkel eines festen Körpers um eine durch den Schwerpunkt gehende Achse ist; darum nennt man q_1 „zyklische Variable“. In diesem Falle der Rotation bedeutet, wie leicht einzusehen, p_1 das Drehmoment des Körpers um die Achse.

Es kann vorkommen, daß H von allen q_k unabhängig ist:

$$H = H(p_1, p_2, \ldots);$$

dann werden die kanonischen Gleichungen sofort vollständig integriert durch die Gleichungen:

$$\left.\begin{array}{ll} \dot{p}_k = 0, & p_k = \alpha_k, \\ \dot{q}_k = \dfrac{\partial H}{\partial p_k} = \omega_k, & q_k = \omega_k t + \beta_k, \end{array}\right\} \qquad (15)$$

wo α_k und β_k Integrationskonstanten und die ω_k-Funktionen der α_k sind.

Daraus erkennt man, daß das mechanische Problem vollständig gelöst ist, sobald es gelingt, solche Koordinaten aufzufinden, daß H nur von den Momenten abhängt. Das ist die Integrationsmethode, die wir hier anwenden werden. Die Schwierigkeit besteht darin, daß solche Koordinaten nicht durch eine einfache Punkttransformation der q_k gefunden werden können, sondern durch eine simultane Transformation der q_k und p_k.

Daher werden wir jetzt allgemein suchen, alle Transformationen der p_k, q_k aufzufinden, durch welche die kanonische Form der Bewegungsgleichungen nicht geändert wird, das sind die sogenannten „*kanonischen Transformationen*".

Diese Forderung ist offenbar erfüllt, wenn das Variationsprinzip (1) durch die Transformation

$$p_k = p_k(\bar{q}_1, \bar{q}_2, \ldots, \bar{p}_1, \bar{p}_2, \ldots, t)$$
$$q_k = q_k(\bar{q}_1, \bar{q}_2, \ldots, \bar{p}_1, \bar{p}_2, \ldots, t)$$

seine Gestalt nicht verliert; d. h. es muß

$$\sum p_k \dot{q}_k - H(q_1, p_1, \ldots, t)$$

sich von dem entsprechenden Ausdruck in den neuen Koordinaten nur um eine Größe unterscheiden, die ein totales Differential der Zeit ist; d. h. es muß

$$\Big\{\sum_k p_k \dot{q}_k - H(q_1, p_1, \ldots, t)\Big\} -$$
$$- \left\{\sum_k \bar{p}_k \dot{\bar{q}}_k - \bar{H}(\bar{q}_1, \bar{p}_1, \ldots, t)\right\} = \frac{dV}{dt} \qquad (16)$$

sein. Diese Gleichung läßt sich leicht erfüllen. Wählen wir V

als willkürliche Funktion der alten und neuen Koordinaten und der Zeit,

$$V(q_1, \bar{q}_1, \ldots, t),$$

so erhalten wir durch Vergleich der Koeffizienten von $\dot{q}_k$ und $\dot{\bar{q}}_k$:

$$\left.\begin{aligned} p_k &= \frac{\partial}{\partial q_k} V(q_1, \bar{q}_1, \ldots, t) \\ \bar{p}_k &= -\frac{\partial}{\partial \bar{q}_k} V(q_1, \bar{q}_1, \ldots, t) \\ H &= \bar{H} - \frac{\partial}{\partial t} V(q_1, \bar{q}_1, \ldots, t). \end{aligned}\right\} \quad (17)$$

Indem man die $\bar{q}_k$, $\bar{p}_k$ durch die q_k, p_k ausdrückt, erhält man die gesuchten Transformationsgleichungen.

Man kann diesen *kanonischen Transformationen* aber auch noch verschiedene andere Formen geben, indem man statt q_k $\bar{q}_k$ andere unabhängige Variable benutzt. Es sind im ganzen 4 solche Kombinationen möglich, von denen wir als besonders häufig gebraucht den Fall hervorheben, wo als unabhängige Variable die q_k, $\bar{p}_k$ benutzt werden. Dazu schreiben wir statt V

$$V - \sum_k \bar{p}_k \bar{q}_k,$$

was offenbar, ebenso wie V, eine willkürliche Funktion ist, und sehen dabei V als Funktion von q_k, $\bar{p}_k$ an. Dann erhalten wir

$$\begin{aligned} \{\sum_k p_k \dot{q}_k - H(q_1, p_1, \ldots, t)\} &= \{-\sum_k \bar{q}_k \dot{\bar{p}}_k - \bar{H}(\bar{q}_1, \bar{p}_1, \ldots, t)\} \\ &= \frac{d}{dt} V(q_1, \bar{p}_1, \ldots, t) \end{aligned}$$

und daraus durch Vergleich der Koeffizienten:

$$\left.\begin{aligned} p_k &= \frac{\partial}{\partial q_k} V(q_1, \bar{p}_1, \ldots, t) \\ \bar{q}_k &= \frac{\partial}{\partial \bar{p}_k} V(q_1, \bar{p}_1, \ldots, t) \\ H &= \bar{H} - \frac{\partial}{\partial t} V(q_1, \bar{p}_1, \ldots, t). \end{aligned}\right\} \quad (18)$$

Wir erläutern diese Gleichungen an einigen einfachen *Beispielen.* Die Funktion

$$V = q_1 \bar{p}_1 + q_2 \bar{p}_2 + \cdots$$

liefert die identische Transformation

$$\begin{aligned} q_1 &= \bar{q}_1, & p_1 &= \bar{p}_1, \\ q_2 &= \bar{q}_2, & p_2 &= \bar{p}_2, \\ &\cdots\cdots & &\cdots\cdots \end{aligned}$$

Die Funktion

$$V = q_1 \bar{p}_1 \pm q_1 \bar{p}_2 + q_2 \bar{p}_2$$

liefert

$$\left.\begin{aligned} q_1 &= \bar{q}_1 & p_1 &= \bar{p}_1 \pm \bar{p}_2 \\ q_2 &= \bar{q}_2 \mp \bar{q}_1 & p_2 &= \bar{p}_2 . \end{aligned}\right\}$$

Für 3 Variabelnpaare liefert

$$V = q_1 (\bar{p}_1 + \bar{p}_2 + \bar{p}_3) + q_2 (\bar{p}_1 + \bar{p}_3) + q_3 \bar{p}_3$$

die Transformation

$$\left.\begin{aligned} q_1 &= \bar{q}_1 & p_1 &= \bar{p}_1 + \bar{p}_2 + \bar{p}_3 \\ q_2 &= \bar{q}_2 - \bar{q}_1 & p_2 &= \bar{p}_2 + \bar{p}_3 \\ q_3 &= \bar{q}_3 - \bar{q}_2 & p_3 &= \bar{p}_3 . \end{aligned}\right\}$$

In diesen Beispielen werden Koordinaten unter sich und Impulse unter sich transformiert. Die allgemeine Bedingung dafür ist, daß V in den q und $\bar{p}$ linear ist:

$$V = \sum_{ik} \alpha_{ik} q_i \bar{p}_k + \sum_k \beta_k q_k + \sum_k \gamma_k \bar{p}_k ;$$

dann wird

$$\left.\begin{aligned} p_i &= \sum_k \alpha_{ik} \bar{p}_k + \beta_i \\ \bar{q}_i &= \sum_k \alpha_{ki} q_k + \gamma_i . \end{aligned}\right\}$$

Wenn die β_i, γ_i verschwinden, so wird

$$\sum_k p_k q_k = \sum_{ki} \alpha_{ki} \bar{p}_i q_k = \sum_i \bar{q}_i \bar{p}_i ;$$

die Transformation ist linear homogen und kontragredient. Hierher gehört auch der Fall einer orthogonalen Transformation, z. B. der Drehung eines rechtwinkligen Koordinatensystems.

Eine Punkttransformation, d. h. eine Transformation der q unter sich, erhält man, wenn V linear in den $\bar{p}$ ist:

$$V = \sum_k f_k(q_1 q_2 \ldots)\bar{p}_k + g(q_1 q_2 \ldots),$$

nämlich:

$$\left.\begin{aligned} p_k &= \sum_l \frac{\partial f_l}{\partial q_k} + \frac{\partial g}{\partial q_k}, \\ \bar{q}_k &= f_k(q_1 q_2 \ldots), \end{aligned}\right\}$$

und entsprechendes gilt für die Impulse.

Als Beispiel geben wir die Transformation von rechtwinkligen Koordinaten in Polarkoordinaten an. Hier ist

$$V = p_x r \cos\varphi \sin\vartheta + p_y r \sin\varphi \sin\vartheta + p_z r \cos\vartheta$$

zu setzen; dann wird:

$$\left.\begin{aligned} x &= r\cos\varphi\sin\vartheta, & p_r &= p_x \cos\varphi\sin\vartheta + p_y \sin\varphi\sin\vartheta + p_z\cos\vartheta \\ y &= r\sin\varphi\sin\vartheta, & p_\varphi &= -p_x r\sin\varphi\sin\vartheta + p_y r\cos\varphi\sin\vartheta \\ z &= r\cos\vartheta, & p_\vartheta &= p_x r\cos\varphi\cos\vartheta + p_y r\sin\varphi\cos\vartheta \\ & & &\quad - p_z r\sin\vartheta. \end{aligned}\right\}$$

Hierbei geht der Ausdruck

$$p_x^2 + p_y^2 + p_z^2$$

in

$$p_r^2 + \frac{1}{r^2} p_\vartheta^2 + \frac{1}{r^2 \sin^2\vartheta} p_\varphi^2$$

über.

Als Beispiel der zuerst angegebenen Form der kanonischen Transformation, wo V von den q und $\bar{q}$ abhängt, wählen wir:

$$V = \frac{c}{2} q^2 \operatorname{ctg}\bar{q};$$

dann wird

$$p = c\,q \operatorname{ctg}\bar{q}$$

$$\bar{p} = \frac{c}{2} q^2 \frac{1}{\sin^2\bar{q}},$$

oder

$$\left.\begin{aligned} q &= \sqrt{\frac{2\bar{p}}{c}} \sin\bar{q} \\ p &= \sqrt{2c\bar{p}} \cos\bar{q}. \end{aligned}\right\}$$

Hierdurch wird der Ausdruck

$$\frac{1}{2}(p^2 + c^2 q^2)$$

übergeführt in $c\bar{p}$.

Dieses Beispiel soll uns erläutern, wie die kanonischen Transformationen zur Integration der Bewegungsgleichungen benutzt werden können. Hierzu betrachten wir den harmonischen Oszillator, bei dem

$$T = \frac{m}{2}\dot{q}^2, \qquad U = \frac{\varkappa}{2} q^2$$

ist, also

$$p = m\dot{q}$$

und

$$H = \frac{1}{2m} p^2 + \frac{\varkappa}{2} q^2$$

$$= \frac{1}{m} \cdot \frac{1}{2}(p^2 + m\varkappa q^2).$$

Durch die zuletzt angegebene Transformation mit $c^2 = m\varkappa$ geht dies über in

$$H = \frac{c}{m}\bar{p}.$$

Damit ist das Bewegungsproblem gelöst, denn nun ist $\bar{q} = \varphi$ zyklische Variable, und man hat

$$\bar{p} = \alpha$$

$$\bar{q} = \varphi = \omega t + \beta, \qquad \omega = \frac{\partial H}{\partial \bar{p}} = \frac{c}{m} = \sqrt{\frac{\varkappa}{m}}.$$

In der ursprünglichen Koordinate wird die Bewegung also durch

$$q = \sqrt{\frac{2\alpha}{m\omega}} \sin(\omega t + \beta), \qquad H = \omega\alpha$$

dargestellt.

3. Vorlesung.

Hamilton-Jacobis partielle Differentialgleichung. Wirkungs- und Winkelvariable. Die Quantenbedingungen.

Nunmehr können wir diese Überlegung auf den allgemeinsten Fall übertragen. Wir wollen annehmen, daß H von t nicht explizite abhängt. Die neuen Impulse, die sich als konstant ergeben, wollen wir gleich mit α_k bezeichnen; die neuen Variabeln, die lineare Funktionen der Zeit werden, mit φ_k. Die Anzahl der Freiheitsgrade sei f.

Dann suchen wir eine Funktion

$$S(q_1, q_2, \ldots, q_f, \alpha_1, \alpha_2, \ldots, \alpha_f)$$

so zu bestimmen, daß durch die Transformation

$$\left.\begin{aligned} p_k &= \frac{\partial}{\partial q_k} S(q_1, q_2, \ldots, q_f, \alpha_1, \alpha_2, \ldots, \alpha_f), \\ \varphi_k &= \frac{\partial}{\partial \alpha_k} S(q_1, q_2, \ldots, q_f, \alpha_1, \alpha_2, \ldots, \alpha_f) \end{aligned}\right\} \quad (1)$$

H in eine nur von α_k abhängige Funktion

$$W(\alpha_1, \alpha_2, \ldots, \alpha_f)$$

übergeht. Indem wir die Werte der p_k in

$$H(q_1, q_2, \ldots, p_1, p_2, \ldots)$$

einsetzen, erhalten wir die Forderung

$$H\left(q_1, q_2, \ldots, q_f, \frac{\partial S}{\partial q_1}, \frac{\partial S}{\partial q_2}, \ldots, \frac{\partial S}{\partial q_f}\right) = W(\alpha_1, \alpha_2, \ldots, \alpha_f). \quad (2)$$

Dies kann als eine partielle Differentialgleichung zur Bestimmung von S aufgefaßt werden. Man denke sich W als willkürlich gegeben und bestimme ein sogenanntes „vollständiges Integral“ der Gleichung, d. h. ein solches, das von $f-1$ willkürlichen Konstanten $\alpha_2, \alpha_3, \ldots, \alpha_f$ abhängt, wobei α_1 mit W identifiziert wird. Oder, wenn man α_2 nicht auszeichnen will, suche man ein Integral, daß von f Konstanten $\alpha_1, \alpha_2, \ldots, \alpha_f$ abhängt, zwischen denen eine Relation

$$W = W(\alpha_1, \ldots, \alpha_f)$$

besteht.

Dann wird die Bewegung durch

$$\varphi_k = \omega_k t + \beta_k, \qquad \omega_k = \frac{\partial W}{\partial \alpha_k} \quad (3)$$

dargestellt.

Man nennt die Gleichung (2) die HAMILTON-JACOBI*sche Differentialgleichung* und S die *Wirkungsfunktion.*

Eine wichtige Eigenschaft von S ist die folgende: Es gilt

$$dS = \sum_k \frac{\partial S}{\partial q_k} dq_k = \sum_k p_k dq_k,$$

also ist S das über die Bahnkurve von einem festen Punkt Q_0 zu einem beweglichem Q genommene Linienintegral

$$S = \int_{Q_0}^{Q} \sum_k p_k dq_k. \tag{4}$$

In der GALILEI-NEWTON sche Mechanik hat dies eine einfache Bedeutung; denn da

$$2T = \sum_k p_k \dot{q}_k,$$

so wird

$$S = 2\int_{t_0}^{t} T dt = 2\overline{T}(t - t_0), \tag{5}$$

wo $\overline{T}$ den zeitlichen Mittelwert von T bedeutet.

Wir haben gesehen, daß die Quantentheorie eng mit den Periodizitätseigenschaften der Bewegung verbunden ist. Die BOHRsche Theorie erlaubt es nur für solche Bewegungen, die durch harmonische Analyse in periodische Bestandteile zerlegt werden können, stationäre Zustände zu definieren. Diese Klasse von Bewegungen nennen die Astronomen „bedingt periodisch", — wir wollen den Namen *„mehrfach periodisch"* vorziehen; sie seien folgendermaßen definiert:

Es sei möglich, statt der Variabeln q_k, p_k neue Variable w_k, J_k mit Hilfe der kanonischen Transformation

$$p_k = \frac{\partial}{\partial q_k} S(q_1, J_1, \ldots, q_f, J_f),$$

$$w_k = \frac{\partial}{\partial J_k} S(q_1, J_1, \ldots, q_f, J_f)$$

einzuführen, die folgende Bedingungen erfüllen:

(A) Die Lage des Systems soll periodisch von den w_k abhängen mit der Periode 1; d. h. wenn die q_k durch die Lage des Systems eindeutig bestimmt sind, so sollen sie in Fouriersche Reihen

$$q_k = \sum_{\tau} C_{\tau}^{(k)} e^{2\pi i (w\tau)}$$

entwickelbar sein. Dabei repräsentiert τ eine Anzahl ganzer Zahlen $\tau_1, \tau_2, \ldots, \tau_f$ und es ist

$$(w\tau) = w_1\tau_1 + w_2\tau_2 + \cdots + w_f\tau_f$$

gesetzt.

Wenn eines der q_k ein Winkel ist, so ist er durch die Lage des Systems nicht eindeutig bestimmt, sondern nur modulo einer Konstanten (etwa 2π); dann soll obige Periodizitätsforderung auch nur modulo dieser Konstanten gelten.

(B) Die Hamiltonsche Funktion geht in eine Funktion W über, die nur von den J_k abhängt.

Daraus folgt, daß die J_k konstant und die w_k lineare Funktionen der Zeit t sind: $w_k = \nu_k t + \beta_k$, die q_k sind also dann durch trigonometrische Reihen nach t darstellbar mit Frequenzen

$$(\nu\tau) = \nu_1\tau_1 + \nu_2\tau_2 + \cdots + \nu_f\tau_f,$$

wobei nach unserm oben gewonnenen Resultat (3)

$$\nu_k = \frac{\partial W}{\partial J_k}$$

ist.

Durch diese Bedingungen sind die w_k, J_k noch nicht eindeutig festgelegt. Z. B. kann man setzen

$$\bar{w}_k = w_k + f_k(J_1 \ldots J_f),$$
$$\bar{J}_k = J_k + c_k;$$

dies ist eine kanonische Transformation, die offenbar die Bedingungen (A), (B) unversehrt läßt. Um zunächst diese Willkür auszuschließen, fordern wir weiter:

(C) Die Funktion

$$S^* = S - \sum_k w_k J_k$$

soll periodisch in den w_k mit der Periode 1 sein:

$$S^* = \sum_k C_{\tau}^* e^{2\pi i (w\tau)}.$$

Die betrachtete kanonische Transformation kann auch mit Hilfe dieser Funktion S^* ausgedrückt werden in dieser Form:

$$p_k = \frac{\partial}{\partial q_k} S^*(q_1, \ldots, q_f, w_1, \ldots, w_f),$$

$$J_k = -\frac{\partial}{\partial w_k} S^*(q_1, \ldots, q_f, w_1, \ldots, w_f).$$

Dann läßt sich in der Tat streng beweisen, daß die w_k, J_k, die man „*Winkelvariable*" und „*Wirkungsvariable*" nennt, durch (A), (B), (C) im wesentlichen eindeutig festgelegt sind. Ich sage „im wesentlichen", um folgendes auszudrücken:

Unterwirft man die w_k, J_k einer kanonischen Transformation der Form

$$w_k = \sum_l \tau_{kl} \overline{w}_l, \qquad J_k = \sum_l \tau_{kl} \overline{J}_l,$$

wo die τ_{kl} ganze Zahlen sind und die Determinante $|\tau_{lk}| = \pm 1$ ist, so bleiben offenbar alle drei Bedingungen (A), (B), (C) unverletzt. Von dieser Unbestimmtheit abgesehen, sind aber die w_k, J_k wirklich eindeutig bestimmt immer dann, wenn das mechanische System nicht entartet ist, d. h. wenn keine Relation der Form

$$\nu_1 \tau_1 + \nu_2 \tau_2 + \cdots + \nu_f \tau_f = 0$$

mit ganzzahligen τ_k identisch in den ν besteht.

Dieser Satz ist von Burgers ausgesprochen worden, doch ist sein Beweis unzureichend. Einen strengen Beweis findet man in meinem Buche über Atommechanik; er ist in der Hauptsache von meinem Mitarbeiter Dr. Hund durchgeführt worden.

Jene Willkür in der Bestimmung der J_k, wonach diese nur bis auf ganzzahlige Transformationen mit der Determinante ± 1 bestimmt sind, ist für die Anwendung der Quantentheorie wesentlich. Denn gerade die Größen J_k sind es, die man gleich Vielfachen der Planckschen Konstanten h zu setzen hat:

$$J_1 = n_1 h, \quad J_2 = n_2 h, \ \ldots, \ J_f = n_f h,$$

und aus diesen Gleichungen folgt, daß auch die $\overline{J}_k$ ganze Vielfache von h sind.

4. Vorlesung.

Adiabatische Invarianten. Das Korrespondenzprinzip.

Um diesen Ansatz für die Quantenbedingungen zu rechtfertigen, muß vor allem gezeigt werden, daß die J_k *adiabatische Invarianten* sind. Der allgemeine Beweis hierfür ist zuerst von Burgers und Krutkow entworfen, dann von v. Laue, Dirac, auch von Jordan und mir strenger durchgeführt worden. Ich will diese etwas verwickelten Überlegungen hier nicht darstellen, sondern die Bedeutung der J_k und ihre adiabatische Invarianz nur am *Beispiel des harmonischen Oszillators* erläutern.

Wir haben oben die Lösung des Oszillatorproblems mit der Hamiltonschen Funktion

$$H = \frac{1}{2m}(p^2 + m\varkappa q^2)$$

mit Hilfe einer kanonischen Transformation gewonnen, die zwar nicht genau den Bedingungen (A), (B), (C) genügt, aber leicht in eine solche verwandelt werden kann; wir haben nur

$$\varphi = 2\pi w, \qquad \alpha = \frac{1}{2\pi} J$$

zu setzen.

Dann lautet die Transformation

$$q = \sqrt{\frac{J}{\pi m \omega}} \sin 2\pi w,$$

$$p = \sqrt{\frac{J m \omega}{\pi}} \cos 2\pi w.$$

Die Energiefunktion geht durch sie über in

$$H = W = \omega\alpha = \frac{\omega}{2\pi} J = \nu J,$$

wenn

$$\omega = 2\pi\nu$$

gesetzt wird; zugleich hat man

$$w = \nu t + \delta, \qquad \nu = \frac{dW}{dJ}.$$

Da q periodisch in w mit der Periode 1 ist und H nur von J abhängt, sind die Bedingungen (A) und (B) erfüllt.

Um zu sehen, wie es mit der Bedingung (C) steht, bedenken wir, daß die kanonische Transformation mit Hilfe der Funktion

$$V = \frac{m\,\omega}{2}\, q^2 \operatorname{ctg} 2\pi w$$

erzeugt wurde durch die Formeln

$$p = \frac{\partial V}{\partial q}, \qquad J = \frac{\partial V}{\partial w};$$

dieses V ist also mit dem oben eingeführten S^* identisch. Man kann es in der Form

$$V = S^* = \frac{J}{2\pi m\,\omega} \sin 2\pi w \cos 2\pi w$$

schreiben, und da es periodisch ist, so die Bedingung (C) ebenfalls erfüllt.

Die Quantenbedingung $J = h n$ liefert demnach die Energiestufen

$$W = n h \nu$$

in Übereinstimmung mit dem Ansatze von PLANCK.

Abb. 2.

Um einzusehen, daß $J = \frac{W}{\nu}$ wirklich adiabatisch invariant ist, wollen wir uns den Oszillator veranschaulichen durch ein Fadenpendel mit kleinen Amplituden. Es sei m die Masse des Pendelkörpers, l die Fadenlänge, g die Beschleunigung der Schwere (Abb. 2).

Wir denken uns nun die Pendellänge l äußerst langsam verändert und rechnen aus, wie sich W und ν dabei verhalten.

Die Kraft, die den Faden spannt, besteht beim Ausschlag φ aus der Komponente der Schwere $m g \cos\varphi = m g\left(1 - \frac{\varphi^2}{2}\right)$ und der Zentrifugalkraft $m l \dot{\varphi}^2$. Die bei einer Verkürzung des Fadens geleistete Arbeit ist also

$$A = -m g \int \left(1 - \frac{\varphi^2}{2}\right) dl - m l \int \dot{\varphi}^2\, dl. \tag{1}$$

Erfolgt diese Verkürzung langsam genug und ohne einen, mit der Schwingungsdauer vergleichbaren Rhythmus, so hat es einen Sinn, von der „mittleren jeweiligen Amplitude“ zu sprechen und zu setzen:

$$dA = -mg\left(1 - \frac{\overline{\varphi^2}}{2}\right)dl - ml\,\overline{\dot\varphi^2}\,dl,$$

wo die Striche Mittelbildung über eine Periode bedeuten.

Diese Arbeit zerfällt in zwei Teile: $-mg\,dl$ bedeutet die Arbeit zur Hebung des Pendelkörpers, und

$$dW = \left(\frac{mg}{2}\overline{\varphi^2} - ml\,\overline{\dot\varphi^2}\right)dl$$

bedeutet die Vermehrung der Schwingungsenergie. Nun gilt bekanntlich für harmonische Schwingungen:

$$\frac{W}{2} = \frac{m}{2}l^2\,\overline{\dot\varphi^2} = \frac{m}{2}g\,l\,\overline{\varphi^2}$$

und daraus folgt:

$$dW = -\frac{W}{2l}dl.$$

Da ν proportional $\frac{1}{\sqrt{l}}$ ist, also $\frac{d\nu}{\nu} = -\frac{dl}{2l}$, so gilt auch

$$\frac{dW}{W} = \frac{d\nu}{\nu}$$

und hieraus folgt durch Integration

$$\frac{W}{\nu} = \text{konst.}, \tag{2}$$

womit unsere Behauptung bewiesen ist.

Der allgemeine Beweis der adiabatischen Invarianz läuft auf ganz ähnliche Betrachtungen hinaus.

Als weiteres wichtiges Beispiel wollen wir den „*Rotator*“ betrachten, d. h. einen um eine Achse drehbaren Körper. Ist A das Trägheitsmoment um die Achse und φ der Drehwinkel, so ist

$$H = \frac{A}{2}\dot\varphi^2;$$

daraus folgt für das zu φ gehörige Moment p

$$p = A\dot{\varphi},$$

dieses bedeutet also den Drehimpuls, und man hat

$$H = \frac{p^2}{2A}.$$

φ ist demnach zyklische Variable, mithin $p = \text{konst.}$

Setzen wir $\varphi = 2\pi w$, so ist die Lage des Systems eine periodische Funktion von w mit der Periode 1. Die kanonische Transformation $(\varphi, p) \rightarrow (w, J)$ wird offenbar erzeugt durch die Funktion

$$S = \varphi \frac{J}{2\pi}$$

und lautet:

$$p = \frac{\partial S}{\partial \varphi} = \frac{J}{2\pi}, \qquad w = \frac{\partial S}{\partial J} = \frac{\varphi}{2\pi}.$$

Daraus folgt

$$S^* = S - wJ = 0,$$

eine Funktion, die als „periodisch" zu gelten hat.

Endlich wird

$$H = W = \frac{J^2}{8\pi^2 A}.$$

Also sind die Bedingungen (A), (B), (C) erfüllt und man hat $J = hn$ zu setzen. Das gibt die Energiestufen:

$$W = \frac{h^2}{8\pi^2 A} n^2. \tag{3}$$

Dieses Modell wird bei der Erklärung der *Bandenspektren der Molekeln* angewandt. Rotiert eine Molekel um eine feste Achse, so sind die ausgesandten Frequenzen nach BOHR gegeben durch

$$\nu = \frac{1}{h}(W_m - W_n) = \frac{h}{8\pi^2 A}(m^2 - n^2).$$

Aber wie im Falle des Oszillators ist die Menge der hierdurch dargestellten Frequenzen viel zu groß; wir müssen eine Auswahl durch das Korrespondenzprinzip treffen. Hierzu betrachten wir eine Komponente des elektrischen Moments für den Rotator; offenbar ist auch hier ihre Bewegung durch eine einfache harmonische Schwingung gegeben. Wir schließen wie früher, daß keine andern Sprünge von n als solche um ± 1 vorkommen können: $n - m = \pm 1$. Setzen wir das ein, so erhalten wir für die ausgesandten Frequenzen (wo $m > n$, also $m = n + 1$ ist):

$$\nu = \frac{h}{8\pi^2 A}\left((n+1)^2 - n^2\right) = \frac{h}{8\pi^2 A}(2n+1),$$

$$\nu = \frac{h}{4\pi^2 A}\left(n + \frac{1}{2}\right).$$

Die Rotationsfrequenz des Rotators selbst wird gegeben durch

$$\nu_0 = \frac{dW}{dJ} = \frac{J}{4\pi^2 A} = \frac{h}{4\pi^2 A} n,$$

unterscheidet sich also von der ausgesandten Frequenz relativ um so weniger, je größer n ist; in beiden Fällen hat man eine äquidistante Reihe von Frequenzen, und in der Tat stellt dies in erster Annäherung das Aussehen eines Bandenspektrums dar, wie es von rotierenden Molekeln ausgesandt wird.

Wir wollen aber darauf nicht näher eingehen, sondern nach dem allgemeinen Zusammenhang fragen, der nach dem *Korrespondenzprinzip* zwischen den klassisch berechneten Frequenzen und Intensitäten der Spektrallinien und den entsprechenden quantentheoretischen Größen zu erwarten ist. Hierzu betrachten wir das elektrische Moment des Systems, das eine ähnliche Fourierentwicklung wie die Koordinaten q_k haben wird:

$$\mathfrak{M} = \sum_k e_k \mathfrak{r}_k = \sum_\tau \mathfrak{C}_\tau e^{2\pi i (w\tau)} = \sum_\tau \mathfrak{C}_\tau e^{2\pi i [(\nu\tau)t + (\delta\tau)]}. \tag{4}$$

Die Frequenzen lassen sich schreiben:

$$\nu_{kl} = (\nu\tau) = \sum_k \nu_k \tau_k = \sum_k \tau_k \frac{\partial W}{\partial J_k}. \tag{5}$$

Sei nun ein bestimmter stationärer Zustand durch $J_k^{(1)} = n_k^{(1)} h$ bezeichnet, ein zweiter durch $J_k^{(2)} = n_k^{(2)} h$, so können wir uns im f-dimensionalen J_k-Raume den ersten mit dem zweiten durch die Gerade

$$J_k = J_k^{(1)} + \lambda \tau_k; \qquad 0 \leqq \lambda \leqq h$$

verbunden denken, wo $\tau_k = n_k^{(2)} - n_k^{(1)}$ gesetzt ist. Dann ist $\frac{dJ_k}{d\lambda} = \tau_k$ und

$$\nu_{kl} = \sum_k \frac{\partial W}{\partial J_k} \frac{dJ_k}{d\lambda} = \frac{dW}{d\lambda}.$$

Andrerseits ist die quantentheoretische Frequenz:

$$\nu_{qu} = \frac{W_1 - W_2}{h} = \frac{\Delta W}{h}. \tag{6}$$

Es entsprechen sich also klassische und quantentheoretische Frequenz wie Differentialquotient und Differenzenquotient. Man kann aber auch die quantentheoretische Frequenz als „geradlinigen" Mittelwert der klassischen auffassen:

$$\nu_{qu} = \frac{1}{h}\int dW = \frac{1}{h}\int_0^h \frac{dW}{d\lambda} d\lambda = \frac{1}{h}\int_0^h \nu_{kl}\, d\lambda. \tag{7}$$

Sind die Änderungen der Quantenzahlen klein gegen sie selbst, so sind beide Ausdrücke ν_{qu} und ν_{kl} wenig voneinander verschieden.

Hinsichtlich der Intensitäten werden wir erwarten, daß diese approximativ sich wie die Größen $|\mathfrak{C}_\tau|^2$ verhalten; hierbei ist $\mathfrak{C}_\tau$ eine Funktion der J_k und

$$\tau_k = n_k^{(1)} - n_k^{(2)} = \frac{1}{h}\left(J_k^{(1)} - J_k^{(2)}\right)$$

zu setzen. Man sieht, daß nur bei großen n_k diese Aussage einen bestimmten Sinn hat; denn nur dann ist es gleichgültig, ob man in $\mathfrak{C}_\tau(J) = \mathfrak{C}_{n^{(1)}-n^{(2)}}(n)$ für n den Anfangswert $n^{(1)}$ oder den Endwert $n^{(2)}$ setzt. Eindeutig wird die Aussage nur dann, wenn $\mathfrak{C}_\tau(J)$ identisch in J verschwindet; dann werden wir erwarten, daß ein Übergang von τ überhaupt nicht vorkommt. In andern Fällen hat man sich dadurch zu helfen gesucht, daß man geeignete Mittelwerte der $\mathfrak{C}_\tau(J)$ über die J-Werte zwischen Anfangs- und Endzustand nahm. A. H. Kramers hat mit solchen Ansätzen in einigen Fällen die Beobachtungen recht gut darstellen können. Doch im Prinzip ist es unbefriedigend, daß man keine eindeutige Definition der Intensitäten aus den Prinzipien der Quantentheorie in der hier entwickelten Form entnehmen kann; dies ist eine der Wurzeln, aus denen die neue Quantentheorie entstanden ist, bei der diese Schwierigkeit überwunden ist.

5. Vorlesung.

Entartete Systeme. Säkulare Störungen. Die Quantenintegrale.

Wir müssen nun noch einiges sagen über den bisher beiseite gesetzten Fall der *Entartung*, d. h. den Fall, wo eine Relation der Form

$$(\nu\tau) = \nu_1 \tau_1 + \cdots + \nu_f \tau_f = 0 \tag{1}$$

identisch in den J_k besteht. Dann ist unser Eindeutigkeitssatz nicht mehr richtig, und damit fällt die Möglichkeit fort, die Quantenbedingungen in der Form $J_k = n_k h$ anzusetzen. Man sieht dies z. B. an einem harmonischen Oszillator mit zwei Freiheitsgraden:

$$H = \frac{1}{2m}(p_x^2 + p_y^2) + \frac{m}{2}(\omega_x^2 x^2 + \omega_y^2 y^2).$$

Hier ist die Lösung der Bewegungsgleichungen offenbar sofort hinzuschreiben, da beide Koordinaten nicht gekoppelt sind; man erhält:

$$x = \sqrt{\frac{J_x}{\pi \omega_x m}} \sin 2\pi w_x, \qquad p_x = \sqrt{\frac{\omega_x m J_x}{\pi}} \cos 2\pi w_x,$$

$$y = \sqrt{\frac{J_y}{\pi \omega_y m}} \sin 2\pi w_y, \qquad p_y = \sqrt{\frac{\omega_y m J_y}{\pi}} \cos 2\pi w_y;$$

hier sind J_x, w_x; J_y, w_y zwei Paare konjugierter Wirkungs- und Winkelvariabeln.

Sind nun ω_x und ω_y *nicht* kommensurabel, so ist die durch Einsetzen von

$$w_x = \omega_x t + \delta_x, \qquad w_y = \omega_y t + \delta_y$$

dargestellte Bewegung eine sogenannte LISSAJOUSsche Figur, wobei die Bahnkurve jedem Punkte innerhalb eines Rechtecks beliebig nahe kommt (Abb. 3). Besteht aber eine Gleichung der Form

$$\tau_x \omega_x + \tau_y \omega_y = 0,$$

z. B. einfach

$$\omega_x = \omega_y = \omega_0 = 2\pi\nu_0,$$

so ist die Bahnkurve einfach periodisch (eine Ellipse).

Wir können jetzt das Koordinatensystem beliebig drehen, ohne daß sich die Form der Lösung ändert; dabei ändern sich aber die Kanten des Rechtecks, d. h. bis auf den konstanten Faktor $\frac{1}{\sqrt{\pi \omega_0 m}}$ die Größen $\sqrt{J_x}$, $\sqrt{J_y}$, kontinuierlich (Abb. 4).

Folglich ist es unmöglich, die J_x, J_y proportional ganzen Zahlen n_x, n_y zu setzen.

Wohl aber bleibt die Diagonale des Rechtecks, d. h. die Größe $\sqrt{J_x^2} + \sqrt{J_y^2} = J_x + J_y = J$ bei einer solchen Drehung invariant; man darf also $J_x + J_y = n h$ setzen.

Die Gesamtenergie $W = \frac{\omega_0}{2\pi}(J_x + J_y) = \nu_0 J$ wird damit eindeutig bestimmt zu $W = n h \nu_0$, hat also genau denselben Wert wie beim linearen Oszillator.

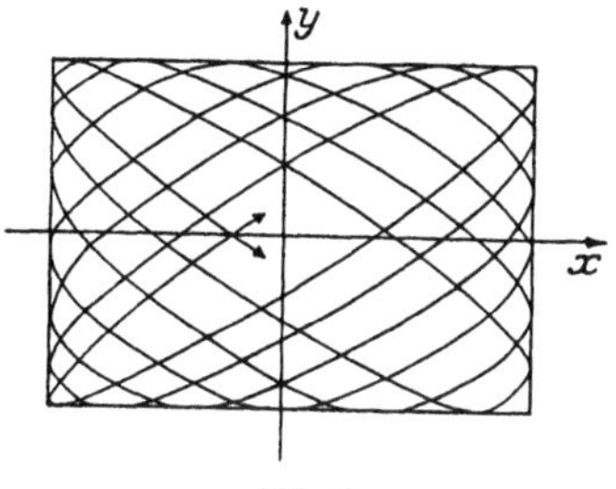

Abb. 3.

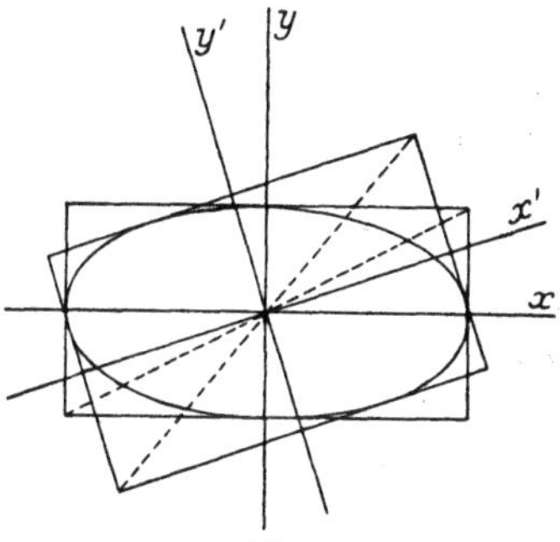

Abb. 4.

Man kann dieses Verhalten auch so beschreiben: Führt man statt J_x, J_y zwei neue Variable $J_x + J_y = J$, $J_x - J_y = J'$ ein, so gehören zu diesen neue konjugierte Winkel w, w' mit den Frequenzen $\nu = \frac{dW}{dJ} = \nu_0$, $\nu' = \frac{dW}{dJ'} = 0$. Dann darf nur die Variable J, die in W wirklich vorkommt, also einer nicht verschwindenden Frequenz entspricht, einer Quantenbedingung unterworfen werden.

Diese Regel gilt allgemein: Im Falle von Entartungen kann man durch lineare, ganzzahlige Transformationen mit der Determinante ± 1 immer erreichen, daß $H = W$ nur von einer Anzahl s der J-Variablen abhängt, zwischen denen weiter keine Kommensurabilität besteht und die wir J_α nennen; zu diesen gehören also s von Null verschiedene Frequenzen ν_α, während die übrigen $(f-s)$ Frequenzen ν_ϱ verschwinden. Dann sind nur diese s Variablen J_α gleich Vielfachen von h zu setzen. BOHR nennt s den *Periodizitätsgrad* des Systems.

Man kann nun offenbar den Periodizitätsgrad eines mechanischen Systems erhöhen, indem man es „störenden" Kräften aussetzt, z. B. indem man es in ein elektrisches oder magnetisches Feld bringt. Dann tritt zu der ursprünglichen Energiefunktion, die wir H_0 nennen wollen, eine zusätzliche Energie oder „Störungsenergie", die wir mit λH_1 bezeichnen, wobei λ ein Maß für die Größenordnung der Zusatzenergie sein soll.

Wenn nun die „Störung", d. h. λ, klein ist, so gibt es ein einfaches Verfahren, um für ein ursprünglich entartetes System die neu hinzukommenden Bewegungen zu berechnen. Die Wirkung der Störungsenergie wird die sein, daß alle Größen w, J ein wenig geändert werden; aber der Einfluß ist verschieden für die beiden Arten von Variabeln: Diejenigen Winkelvariabeln w_ϱ, die zu Nullfrequenzen des ungestörten Systems gehören, die also konstant waren, werden jetzt sich langsam ändern mit Frequenzen, die λ proportional sind; die übrigen Winkelvariabeln w_α werden nur kleine Änderungen ihrer Frequenzen erleiden.

Nimmt man nun die w^0, J^0 des ungestörten Systems als Ausgangsvariable für das *Störungsproblem*, so hat man

$$H = H_0(J_\alpha^0) + \lambda H_1(J_\alpha^0, w_\alpha^0;\ J_\varrho^0, w_\varrho^0). \tag{2}$$

Hier werden während einer Periode der w_ϱ^0 die w_α^0 viele Umläufe machen; man wird also näherungsweise über die w_α^0 mitteln können:

$$\overline{H} = H_0(J_\alpha^0) + \lambda \overline{H}_1(J_\alpha^0;\ J_\varrho^0, w_\varrho^0). \tag{3}$$

Diese Funktion kann als „Energiefunktion" eines neuen Bewegungsproblems für die vorher entarteten Variabeln J_ϱ^0, w_ϱ^0 betrachtet werden; man hat die Bewegungsgleichungen

$$\left.\begin{aligned} \dot{w}_\varrho^0 &= \lambda \frac{\partial \overline{H}_1}{\partial J_\varrho^0} \\ \dot{J}_\varrho^0 &= -\lambda \frac{\partial \overline{H}_1}{\partial w_\varrho^0} \end{aligned}\right\} \tag{4}$$

zu lösen, oder durch eine kanonische Substitution

$$(J_\varrho^0, w_\varrho^0) \rightarrow (J_\varrho w_\varrho)$$

zu erreichen, daß H_1 in eine Funktion W_1 der J allein übergeht (wobei $J_\alpha^0 = J_\alpha$ zu setzen ist):

$$H = W_0(J_\alpha) + \lambda W_1(J_\alpha, J_\varrho).$$

Die gestörten Frequenzen sind dann

$$\nu_\alpha = \frac{\partial W_0}{\partial J_\alpha} + \lambda \frac{\partial W_1}{\partial J_\alpha}, \qquad \nu_\varrho = \lambda \frac{\partial W_1}{\partial J_\varrho}.$$

Für die langsamen Zusatzbewegungen mit den Frequenzen ν_ϱ hat man in der Himmelsmechanik den Namen *„säkuläre Störungen“* eingeführt.

Die Frage, wie man in einzelnen Fällen die Winkel- und Wirkungsvariabeln wirklich findet, wollen wir nur kurz streifen. Vielfach wird dazu die Methode der *Separation der Variabeln* benutzt. Diese ist dann anwendbar, wenn sich solche kanonische Variable $p_k q_k$ finden lassen, in denen sich die HAMILTON-JACOBIsche Differentialgleichung durch einen Ansatz

$$S = S_1(q_1) + S_2(q_2) + \cdots + S_f(q_f) \tag{5}$$

lösen läßt; dann ist

$$p_k = \frac{\partial S_k}{\partial q_k} \tag{6}$$

eine Funktion von q_k allein und man kann leicht zeigen, daß die über eine Periode genommenen Integrale

$$J_k = \oint p_k \, dq_k = \oint \frac{\partial S_k}{\partial q_k} dq_k \tag{7}$$

gerade die Wirkungsvariabeln sind; nämlich so:

Die Funktionen $S_k(q_k)$ werden auch von diesen Konstanten J_k abhängen; führt man nun eine kanonische Transformation aus, bei der die J_k als neue Impulsvariable erscheinen, so sind die zugehörigen Winkelvariabeln definiert durch

$$w_k = \frac{\partial S}{\partial J_k} = \sum_l \frac{\partial S_l}{\partial J_k}. \tag{8}$$

Da S die HAMILTON-JACOBIsche Differentialgleichung befriedigt, wird H in eine Funktion $W(J_1 \ldots J_f)$ übergeführt; die Voraussetzung (A) ist erfüllt.

Wenn eine Koordinate q_h einmal zwischen ihren Grenzen hin und her geführt wird, während alle übrigen Koordinaten q_k festgehalten werden, beträgt die Änderung irgendeiner Variabeln w_k

$$\Delta_h w_k = \oint \frac{\partial w_k}{\partial q_h} dq_h.$$

Nun ist

$$\frac{\partial w_k}{\partial q_h} = \sum_l \frac{\partial^2 S_l}{\partial J_k \partial q_h} = \frac{\partial}{\partial J_k} \sum_l \frac{\partial S_l}{\partial q_h} = \frac{\partial}{\partial J_k} \frac{\partial S_h}{\partial q_h}$$

und hieraus

$$\Delta_h w_k = \frac{\partial}{\partial J_k} \oint \frac{\partial S_h}{\partial q_h} dq_h = \frac{\partial J_h}{\partial J_k} = \begin{cases} 1 \text{ für } h = k \\ 0 \quad \text{,,} \quad h \neq k. \end{cases} \tag{9}$$

Geht man nun von irgendeinem Punkte $q_1^0, \ldots, q_f^0$ im q-Raume aus, dem ein Punkt $w_1^0, \ldots, w_f^0$ im w-Raume entspricht, und läßt den q-Punkt eine geschlossene Kurve beschreiben, so braucht der w-Punkt nicht zum Ausgangspunkt zurückzukehren, aber der Endpunkt ist gegeben durch einen Ausdruck der Form

$$w_k^0 + (\tau_1 w_1^0 + \tau_2 w_2^0 + \ldots + \tau_f w_f^0),$$

wo die τ_k ganze Zahlen sind. Folglich sind die q_k periodische Funktionen der w_k mit der primitiven Periode 1; unsere Voraussetzung (B) ist erfüllt.

Gemäß der Definition der J_k nimmt S jedesmal um J_k zu, wenn q_k bei konstant gehaltenen übrigen Koordinaten einmal seine Periode durchläuft; da hierbei zugleich w_k um 1 zunimmt, so bleibt die Funktion

$$S^* = S - \sum_k w_k J_k$$

ungeändert, ist also ebenfalls periodisch. Also ist auch (C) erfüllt. Damit ist bewiesen, daß die w, J die Winkel- und Wirkungsvariable sind. Manche Autoren führen die Quantengrößen durch diese Integraldefinition ein; doch scheint es mir mit Bohr richtiger, sie allgemein durch die Periodizitätseigenschaften zu definieren, d. h. durch die drei Bedingungen (A), (B) und (C).

6. Vorlesung.

Die BOHRsche Theorie des Wasserstoffatoms. Relativitätskorrektion und Feinstruktur. STARK- und ZEEMAN-Effekt.

Nach diesen allgemeinen Überlegungen wollen wir uns nun den Anwendungen auf die Atomstruktur zuwenden. Bekanntlich war es das Beispiel des *Wasserstoffatoms*, an dem BOHR zuerst seine Gedanken entwickelt hat. Hier hat man einen Kern mit einem Elektron, also ein Zweikörper-Problem. In bekannter Weise läßt sich dieses auf das Einkörper-Problem (Bewegung eines Punktes um ein festes Attraktionszentrum) zurückführen; sind nämlich r, φ die Polarkoordinaten des Elektrons relativ zum Kern und setzt man

$$\frac{1}{\mu} = \frac{1}{M} + \frac{1}{m},$$

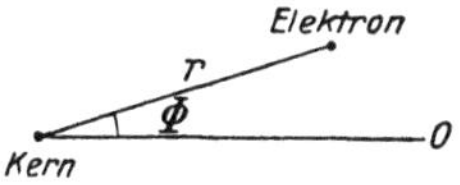

Abb. 5.

wo M die Masse des Kerns, m die des Elektrons ist, so wird

$$H = \frac{\mu}{2}(\dot{r}^2 + r^2\dot{\vartheta}^2 + r^2\dot{\varphi}^2 \sin^2\vartheta) + U(r).$$

Die potentielle Energie der COULOMBschen Kräfte zwischen dem Zfach geladenen Kern und dem Elektron ist

$$U(r) = -\frac{Ze^2}{r}.$$

Später werden wir sehen, daß die neueste Entwicklung dazu geführt hat, das Elektron nicht einfach als elektrische Punktladung anzusehen; dann ist der Kraftansatz entsprechend abzuändern. Ferner wollen wir gleich bemerken, daß wir in der Theorie der komplizierten Atome allgemeine Zentralkräfte mit einer beliebigen Funktion $U(r)$ ins Auge fassen werden.

Führt man die Momente ein, so wird

$$H = \frac{1}{2\mu}\left(p_r^2 + \frac{p_\vartheta^2}{r^2} + \frac{p_\varphi^2}{r^2 \sin^2\vartheta}\right) + U(r). \tag{1}$$

Die zugehörige HAMILTON-JACOBIsche Differentialgleichung läßt sich leicht durch Separation der Variabeln lösen. Im COULOMBschen Falle kommt man auf die bekannte KEPLERsche Bewegung; für die Quantentheorie kommen dabei zunächst nur die periodischen Bahnen, die Ellipsen, in Betracht.

Man sieht sofort, daß die Bewegung zweifach entartet ist; denn sie hat drei Freiheitsgrade, ist aber nur einfach periodisch. Es gibt also nur eine Wirkungsgröße J und eine Quantenbedingung. Die Rechnung zeigt, daß J mit der großen Achse a der Ellipse durch die Formel

$$a = \frac{J^2}{4\pi^2 \mu e^2 Z}$$

verbunden ist; für die Energie erhält man

$$W = -\frac{2\pi^2 \mu e^2 Z^2}{J^2}. \tag{2}$$

Die Bewegung selbst wird, bezogen auf die Hauptachsenkoordinaten, durch einfache Fourierreihen der Form

$$\left.\begin{aligned} \frac{x}{a} &= -\frac{3}{2}\varepsilon + \sum_{\tau=1}^{\infty} C_\tau(\varepsilon)\cos(2\pi w \tau) \\ \frac{y}{a} &= \sum_{\tau=1}^{\infty} D_\tau(\varepsilon)\sin(2\pi w \tau) \end{aligned}\right\} \tag{3}$$

beschrieben, deren Koeffizienten noch stetig von der Exzentrizität ε abhängen. Die Winkelvariable w ist bis auf den Faktor 2π die „mittlere Anomalie" der Astronomen.

Dies waren die Ausgangsformeln für die Bohrsche Theorie des Wasserstoffatoms. Indem er $J = nh$ und

$$R = \frac{2\pi^2 \mu e^4}{h^3} \tag{4}$$

setzte, schrieb er

$$W = -\frac{RhZ^2}{n^2} \tag{5}$$

und erhielt für die Frequenzen des ausgesandten Lichts:

$$\nu = \frac{1}{h}(W_1 - W_2) = RZ^2\left(\frac{1}{n_2^{\,2}} - \frac{1}{n_1^{\,2}}\right). \tag{6}$$

Beim H-Atom ist $Z = 1$; dann stellt diese Formel tatsächlich alle bekannten Wasserstofflinien dar, vor allem die Balmersche Serie ($n_2 = 2$)

$$\nu = R_H\left(\frac{1}{4} - \frac{1}{n_1^{\,2}}\right), \qquad n_1 = 3, 4, 5, \ldots$$

und zwar nicht bloß die Abhängigkeit von n_1, sondern vor allem auch den absoluten Wert von R_H. Um diesen zu berechnen, hat man für μ den Ausdruck

$$\mu = \frac{mM}{m+M} = m \cdot \frac{1}{1+\frac{m}{M}}$$

einzusetzen; man kann also

$$R_H = R_\infty \frac{1}{1+\frac{m}{M}}, \qquad R_\infty = \frac{2\pi^2 m e^4}{h^3} = 3{,}28 \cdot 10^{15}\,\mathrm{sec}^{-1}$$

schreiben, wo für e, m, h die besten Messungsergebnisse eingesetzt sind. Vernachlässigt man den kleinen Bruch $\frac{m}{M}$, der etwa gleich $\frac{1}{1830}$ ist, so erhält man durch Division mit der Lichtgeschwindigkeit $c = 3 \cdot 10^{10}\,\mathrm{cm\,sec}^{-1}$

$$\frac{R_H}{c} = \frac{3 \cdot 28 \times 10^{15}}{c} = 1{,}09 \cdot 10^5\,\mathrm{cm}^{-1},$$

während die spektroskopische Messung hierfür $109\,678\,\mathrm{cm}^{-1}$ liefert.

Auch die Serien mit $n_2 = 1$, 3 und 4 sind beobachtet (Lyman, Paschen, Brackett).

Aber darüber hinaus konnte Bohr behaupten, daß die bis dahin dem Wasserstoff zugeschriebene Serie, die man für $Z = 2$ erhält:

$$\nu = 4 R_{\mathrm{He}} \left(\frac{1}{n_2^2} - \frac{1}{n_1^2}\right) = R_{\mathrm{He}} \left(\frac{1}{\left(\frac{n_2}{2}\right)^2} - \frac{1}{\left(\frac{n_1}{2}\right)^2}\right)$$

dem ionisierten Helium angehören muß; hier ist in R_{He} der Bruch $\frac{m}{M}$ viermal kleiner als beim H-Atom, weil das He-Atom viermal schwerer ist. Daher fallen diese Linien mit geradem n_1, n_2 nicht genau mit Linien des H-Atoms zusammen. Diese Abweichung ist experimentell bestätigt und das Spektrum eindeutig dem He^+-Ion zugewiesen worden — wohl der schönste Erfolg der Bohrschen Theorie.

Die BOHRsche Theorie aller übrigen Spektren läßt sich kurz beschreiben als ein Versuch, sie auf Abänderungen des Wasserstoff-Atomspektrums zurückzuführen.

Dabei sind zwei Richtungen des Vorgehens zu unterscheiden: Einmal handelt es sich um Beeinflussungen des Wasserstoffatoms durch sekundäre Einflüsse: Die Abhängigkeit der Masse von der Geschwindigkeit wird berücksichtigt und liefert die Feinstruktur der Linien, ferner der Einfluß eines äußeren elektrischen und magnetischen Feldes (STARK- und ZEEMAN-Effekt). Die andere Richtung führt zur Behandlung der übrigen Atome und damit zur theoretischen Systematik der Atomstruktur und des periodischen Systems der Elemente.

Lassen Sie mich zunächst von der ersten Richtung sprechen. SOMMERFELD hat zuerst den Gedanken durchgeführt, daß die von der *Relativitätstheorie* geforderte *Veränderlichkeit der Masse* einen Einfluß auf das Spektrum haben müsse. Er ersetzte demgemäß die klassische Energiefunktion durch die relativistische, die ich früher (2. Vorlesung (13)) angegeben habe:

$$H = m_0 c^2 \left\{ \sqrt{1 + \frac{\mathfrak{p}^2}{m_0 c^2}} - 1 \right\} - \frac{e^2 Z}{r}. \tag{7}$$

Wegen der Kleinheit des Effekts wird man sich mit dem ersten Gliede der Entwicklung nach $\frac{\mathfrak{p}^2}{m_0 c^2}$ begnügen können und schreiben:

$$H = H_0 + H_1,$$

wo H_0 die klassische Energiefunktion und

$$H_1 = -\frac{1}{8 m_0^3 c^2}(p_x^2 + p_y^2 + p_z^2)^2$$

die Störungsfunktion ist.

Auch für die relativistische Mechanik gilt der Flächensatz; also bleibt die Bahn eben. Aber die ebene Bahn bleibt nicht mehr eine einfach periodische Ellipse, sondern verwandelt sich in eine „Rosettenfigur". Man kann die Bewegung auch beschreiben als eine Ellipsenbewegung, deren Hauptachse sich gleichförmig dreht. Nach der Methode der säkularen Störungen findet man das Gesetz dieser „Präcession des Perihels", indem man den Mittelwert der Funktion H_1 über die ungestörte Bewegung bildet:

$$\overline{H}_1 = -\frac{RhZ^2}{n^2}\cdot\frac{\alpha^2 Z^2}{n^2}\left(\frac{J}{J'}-\frac{3}{4}\right). \tag{8}$$

Dabei ist

$$\alpha = \frac{2\pi e^2}{hc} = 7{,}29\cdot 10^{-3}$$

eine numerische Konstante. Ferner ist J' die zum Azimut der Hauptachse w' konjugierte Wirkungsvariable, die mit der Exzentrizität ε einfach zusammenhängt:

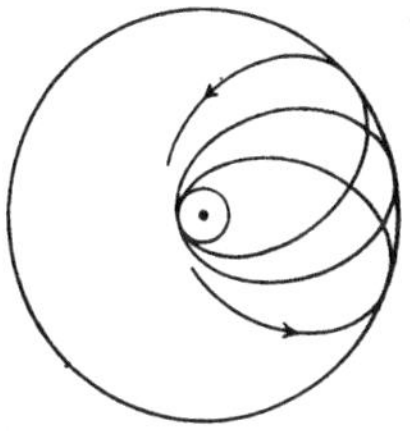

Abb. 6.

$$J' = J\sqrt{1-\varepsilon^2}.$$

Da w' in $\overline{H}_1$ nicht vorkommt, ist J' zyklische Variable, und man hat die neue Quantenbedingung

$$J' = kh; \tag{9}$$

k wird „azimutale Quantenzahl" genannt im Gegensatz zur Hauptquantenzahl n; immer ist $k \leqq n$. Es ist also $\overline{H}_1$ konstant gleich W_1, und die Gesamtenergie wird

$$W = -\frac{RhZ^2}{n^2}\left\{1+\frac{\alpha^2 Z^2}{n^2}\left(\frac{n}{k}-\frac{3}{4}\right)\right\}. \tag{10}$$

Die Formel besagt, daß jeder Term des ungestörten Spektrums in eine Anzahl Terme aufgespalten wird, die den Werten $k = 1, 2, \ldots, n$ entsprechen. Hierdurch entsteht auch eine Aufspaltung der Spektrallinien

$$\nu = \frac{1}{h}\left(W(n_1, k_1) - W(n_2, k_2)\right)$$

und zwar so, daß dabei k sich nur um ± 1 ändert; denn die durch $J' = kh$ bestimmte Periheldrehung ist eine einfach harmonische Bewegung.

Diese von Sommerfeld vorausgesagte *Feinstruktur* ist am Wasserstoff und ionisierten Helium experimentell bestätigt worden, nicht nur hinsichtlich der Zahl der Linien, sondern auch des absoluten Betrages. Kramers hat mit Hilfe des Korrespondenzprinzips auch die Intensität der Linien abgeschätzt und zum Teil gute Übereinstimmung mit der Erfahrung gefunden. Durch neuere Untersuchungen von Hansen sind aber gewisse Abweichungen der Intensitäten von den berechneten sichergestellt worden; insbesondere besitzt bei der ersten BALMER-Linie H_α eine gewisse Feinstruktur-Komponente empirisch eine endliche Intensität, die nach der Theorie die Intensität Null haben sollte. Diese Schwierigkeit konnte mit vielen andern aufgeklärt werden durch die schon erwähnte Erkenntnis, daß das Elektron gar nicht eine Punktladung ist.

In ganz ähnlicher Weise läßt sich der Einfluß eines äußeren elektrischen Feldes E, d. i. der *STARK-Effekt* behandeln; hier ist die Störungsenergie einfach

$$H_1 = eEz, \tag{11}$$

wo z die Koordinate des Elektrons längs der dem Felde E parallelen z-Achse ist. Man hat also einfach den Mittelwert von z zu berechnen; dieser hängt nicht nur von der Lage der großen Achse in der Bahnebene, sondern auch von der Stellung der Bahnebene im Raume ab. Es zeigt sich aber, daß das Problem der säkularen Störungen sich auf einen Freiheitsgrad reduzieren läßt; die Rechnung ergibt für die Energie

$$W = -\frac{RhZ^2}{n^2} \pm \frac{3\,Eh^2}{8\pi^2\mu e Z} n n_e, \tag{12}$$

wo n_e eine neue Quantenzahl ist, die von $-(n-1)$ bis $(n-1)$ läuft. Die Bewegung selber läßt sich so beschreiben:

Berechnet man den „elektrischen Schwerpunkt“ S des Elektrons, d. h. die Mittelwerte seiner Koordinaten bei einem Umlauf, so findet man, daß dieser auf der großen Achse im Astande $\frac{3}{2}a\varepsilon$ vom Kern 0 in der Richtung nach dem Aphel zu liegt. Auf Grund der säkularen Störungen führt nun dieser Punkt S eine harmonische Schwingung in einer Ebene senkrecht zum Felde E aus. Daraus folgt, daß n_e sich nur um ± 1 ändern kann. Hierdurch ist das Aufspaltungsbild völlig bestimmt, und es hat sich gezeigt, daß es gut mit der Erfahrung übereinstimmt, auch hinsichtlich der von KRAMERS berechneten Intensitäten.

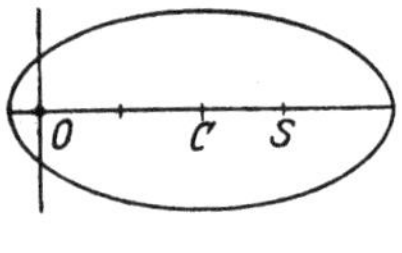

Abb. 7.

Beim *ZEEMAN-Effekt* ist die Rechnung noch einfacher und läßt sich überdies für Atome mit beliebig vielen Elektronen durchführen. Der früher (2. Vorles. (14)) angegebene Ausdruck für die Energie im magnetischen Felde ist bei Weglassung der in der Feldstärke $\mathfrak{H}$ quadratischen Glieder

$$H = H_0 + \frac{e}{c\mu} \Sigma \mathfrak{A} \cdot \mathfrak{p}, \tag{13}$$

wo H_0 die Energie des ungestörten Systems ist.

Nun ist das Vektorpotential eines homogenen Feldes

$$\mathfrak{A} = \tfrac{1}{2}[\mathfrak{H}\mathfrak{r}],$$

also

$$\Sigma \mathfrak{A}\mathfrak{p} = \tfrac{1}{2}\Sigma[\mathfrak{H}\mathfrak{r}]\mathfrak{p} = \tfrac{1}{2}\mathfrak{H}\Sigma[\mathfrak{r}\mathfrak{p}] = \tfrac{1}{2}|\mathfrak{H}|P_\varphi,$$

wo P_φ die dem Felde parallele Komponente des Drehimpulses $\Sigma[\mathfrak{r}\mathfrak{p}]$ ist.

Für das ungestörte System ist der Drehimpuls nach Größe P und Richtung konstant. Man sieht leicht ein, daß $2\pi P$ stets zu den Wirkungsintegralen gehört; wir setzen

$$2\pi P = jh. \tag{14}$$

Auch die Komponenten von P sind konstant, gehören aber offenbar zu entarteten Winkelvariabeln. Durch das Magnetfeld aber wird die Entartung des Winkels φ, der die Stellung der durch Drehimpuls und Feld gelegten Ebene gegen die Feldrichtung bestimmt, aufgehoben; das System präzessiert um die Feldrichtung. Zu φ ist, wie leicht zu sehen, P_φ konjugiert; man hat also die neue Quantenbedingung

$$2\pi P_\varphi = mh. \tag{15}$$

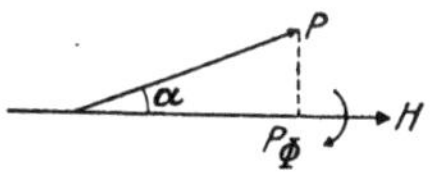

Abb. 8.

Ist α der Winkel zwischen Drehimpuls und Feldrichtung, so gilt offenbar

$$\cos\alpha = \frac{P_\varphi}{P} = \frac{m}{j}.$$

Die Achse des Drehimpulses kann sich also nur in $2j+1$ verschiedenen Richtungen ($m = -j, \ldots +j$) zur Feldachse einstellen. Man spricht in diesem Falle von „Richtungsquantelung".

Die Energie wird

$$H = W_0 \pm \frac{eh}{4\pi\mu c} |\mathfrak{H}| \cdot m; \tag{16}$$

daraus berechnet sich die Umdrehungszahl der Impulsachse, die sogenannte „Larmorfrequenz“, zu

$$\nu_m = \frac{\partial H}{\partial 2\pi P_\varphi} = \frac{1}{h}\frac{\partial H}{\partial m} = \frac{e|\mathfrak{H}|}{4\pi\mu c} = 4{,}70 \times 10^{-5} |\mathfrak{H}| \,\mathrm{cm}^{-1}. \tag{17}$$

Die Präzession beeinflußt die zur Feldrichtung parallelen Bewegungskomponenten der Elektronen nicht; folglich erscheint in der z-Komponente des elektrischen Moments kein Zusatzglied, d. h. das parallel der z-Achse schwingende Licht entspricht Sprüngen von m um 0. Dagegen sind die Bewegungskomponenten senkrecht zum Felde um einfache Rotationen im einen oder andern Drehsinne geändert; daher hat man das emittierte Licht in zwei entgegengesetzt rotierende zirkulare Wellen zu scheiden, denen die Übergänge $m \rightarrow m \pm 1$ entsprechen.

Man erhält also das klassische Zeeman-Triplet ohne jede Änderung. Das widerspricht aber der Erfahrung. Denn in den meisten Fällen spalten sich die Spektrallinien in viel verwickelterer Weise. Hiervon gibt die Bohrsche Theorie in der dargestellten Form keinerlei Rechenschaft, sie läßt stets, bei jedem Atom, normale Larmor-Präzession und normalen Zeeman-Effekt erwarten.

An dieser Stelle haben zahlreiche Versuche zur Abänderung der Theorie eingesetzt. Ausgehend von Untersuchungen Sommerfelds ist es Landé gelungen, die Zeeman-Aufspaltungen für die wichtigste Klasse von Spektrallinien in Terme zu zerlegen und die Größe dieser Terme durch Formeln darzustellen. Auch hat Landé ein Verständnis dieser Formeln durch mechanische Modelle angebahnt. Daran knüpfen Arbeiten von Heisenberg, Pauli und andern Forschern. Nachdem es längere Zeit den Anschein hatte, als ob der „anomale“ Zeemann-Effekt einer mechanischen Erklärung unüberwindliche Schwierigkeiten bereitete, konnte in neuerer Zeit dieses Problem in merkwürdig einfacher Weise gelöst werden dadurch, daß man aufhörte, das Elektron als einfache Punktladung anzusehen. Pauli kam rein empirisch zu der wichtigen Einsicht, daß sich die Tatsachen vollständig ordnen lassen, wenn man dem Elektron nicht drei, sondern vier Freiheitsgrade zuschreibt. UHLENBECK und GOUDSMIT haben den vierten Freiheitsgrad des Elektrons in Anlehnung an einen Gedanken COMPTONS durch die Annahme gedeutet, daß das Elektron außer seiner konstanten Ladung auch ein *konstantes magnetisches Moment* mit sich führe, das verschiedene Richtungen annehmen kann. Es ist tatsächlich möglich, durch dieses Modell *qualitativ* nicht nur den anomalen ZEEMAN-Effekt, sondern überhaupt alle bekannten Gesetzmäßigkeiten der Atomstruktur verständlich zu machen. *Quantitativ* werden allerdings durch diese auf der klassischen Mechanik beruhende Theorie nicht alle Feinheiten der Erscheinungen wiedergegeben. Hier hat, wie wir sehen werden, eine verbesserte „Quantenmechanik" einzugreifen (18. Vorlesung).

7. Vorlesung.

Versuche einer Theorie des Heliumatoms und Gründe für ihren Mißerfolg. BOHRS halbempirische Theorie der Struktur der höheren Atome. Das Leuchtelektron und die RYDBERG-RITZsche Serienformel. Das Serienschema. Die Hauptquantenzahlen der Alkaliatome im Normalzustand.

Der nächstliegende Weg, den eine exakte Theorie der Atomstruktur zu gehen hätte, wäre der, der Reihe nach die auf Wasserstoff folgenden einfachen Atome, Helium, Lithium, ... zu behandeln. Dies hat man auch versucht, aber schon der erste Schritt, vom Wasserstoff- zum Helium-Atom, war vergebens getan. Beim He-Atom hat man ein Drei-Körper-Problem, einen Kern mit zwei Elektronen. Es ist bekannt, daß das Drei-Körper-Problem den Astronomen viel zu schaffen macht und daß es nicht gelungen ist, die Bewegungen durch analytische Ausdrücke (Reihen) darzustellen, die für alle Zeiten den Verlauf wirklich zu übersehen erlauben. Nun liegt es im Falle der Atomstruktur noch viel ungünstiger; denn in der Himmelsmechanik besteht wenigstens der günstige Umstand, daß die Attraktion zum Zentralkörper wegen der überwiegenden Masse der Sonne alle andern Attraktionen bei weitem übertrifft, sodaß diese als kleine „Störungen" behandelt werden können, in der Atommechanik aber sind die durch die Ladungen bedingten Abstoßungen und Anziehungen alle ungefähr von der gleichen

Größenordnung. Dagegen bietet das Atomproblem einen Vorteil andrer Art gerade durch das Postulat der Quantentheorie, nach dem nur gewisse Bahnen als „stationär“ überhaupt in Betracht kommen. Man hat nun zeigen können, daß die Quantenbedingungen gerade nur besonders einfache Bahntypen zulassen, indem sie gewisse „Librationsbewegungen“ (Schwingungen) ausschließen.

Gestützt auf dieses Ergebnis hat man nun versucht, die *stationären Bahnen beim* He-*Atom* aufzufinden und ihre Energiestufen zu berechnen. Und zwar ist man in zwei Richtungen vorgegangen: die einen haben den Normalzustand des He-Atoms behandelt (Bohr, Kramers, van Vleck), die andern Zustände hoher Anregung, bei denen ein Elektron auf seiner kernnächsten Bahn, das andere in einer weit entfernten Bahn umläuft (van Vleck, Born und Heisenberg). Beide Rechnungen führten zu falschen Ergebnissen; die berechnete Energie des Normalzustandes stimmte nicht mit dem Resultate der Beobachtung (Ionisierungsarbeit des normalen He-Atoms) überein, und das berechnete Termsystem der angeregten Zustände war qualitativ und quantitativ verschieden von dem beobachteten.

Man durfte im Grunde auch kein andres Resultat erwarten. Denn die Gültigkeit der Frequenzbedingung allein genügt, um überzeugend zu beweisen, daß im Gebiete der Atomvorgänge die Gesetze der klassischen Theorie (sei es Geometrie, Kinematik oder Mechanik, Elektrodynamik) nicht gelten; wenn sie in gewissen einfachen Fällen (bei einem Elektron) zum Teil richtige Resultate geben, so ist das eigentlich erstaunlicher, als die umgekehrte Tatsache, daß sie in verwickelteren Fällen (mehrere Elektronen) versagen.

Dieses Versagen bei Wechselwirkung mehrerer Elektronen hängt offenbar mit folgender Tatsache zusammen: Wir wissen, daß Atome auf Lichtwellen ganz unklassisch reagieren, indem sie zu Quantensprüngen angeregt werden. In einem aus mehreren Elektronen bestehenden System befindet sich jedes Elektron in dem von den übrigen Elektronen erzeugten Wechselfelde; die Perioden dieses Feldes aber sind von derselben Größenordnung, wie die des Lichts. Daher haben wir gar keinen Grund zu erwarten, daß hier das Elektron klassisch auf das Wechselfeld reagieren soll. Dieser Gesichtspunkt gibt einen gewissen Anhaltspunkt dafür, warum wir in vielen Fällen beim Ein-Elektron-Problem mit Hilfe der klassischen Theorie zu richtigen Ergebnissen gelangten.

Bohr hat in Würdigung dieser Schwierigkeiten zunächst den Versuch einer wirklich deduktiven Theorie aufgegeben und statt dessen mit größtem Erfolge versucht, durch Interpretation der Tatsachen, vor allem der Spektra, der chemischen und magnetischen Eigenschaften der Atome, etwas über die Anordnung der Elektronen zu erfahren. Der Ausgangspunkt war die Feststellung, daß die Spektren gewisser Atome einen ganz ähnlichen Typus haben wie das Wasserstoffspektrum; die Linien, oder besser die Terme, bilden Serien, die der Termserie des H-Atom $\frac{R}{n^2}$ ähnlich sind; so hat z. B. Rydberg gezeigt, daß in vielen Fällen Ausdrücke der Form $\frac{R}{(n+\delta)^2}$ mit $\delta =$ konst. zur Darstellung der Terme ausreichen. Das ist der Fall bei den Alkali-Metallen, bei einem Teil der Linien von Cu, Ag, Au und in ähnlichen Fällen, die alle das Gemeinsame haben, daß die chemischen Eigenschaften des betreffenden Atoms auf leichte Abtrennbarkeit eines Elektrons hindeuten. Wir schließen daher mit Sommerfeld und Bohr, daß auch diese Spektren wie beim H-Atom durch die Sprünge eines Elektrons, des „*Leuchtelektrons*“, erzeugt werden; nur daß dieses sich nicht um einen einfachen Kern bewegt, sondern um einen „Atomrest“, bestehend aus dem Kern mit allen übrigen Elektronen. Wird das Leuchtelektron immer stärker „angeregt“, d. h. in Zustände höherer Energie gebracht, so gelangt man stufenweise zur völligen Abtrennung „Ionisation“; dann bleibt der Atomrest als „Ion“ übrig. Hier trifft diese Überlegung mit den Resultaten der Chemiker zusammen, wie sie von Lewis, Langmuir und Kossel formuliert worden sind. Danach haben die Ionen der Alkali-Metalle dieselbe Struktur wie die Atome der benachbarten Edelgase; es sind äußerst stabile, abgeschlossene Elektronenkonfigurationen.

Man kann nun leicht sehen, daß die Bahn des Leuchtelektrons bei den niederen stationären Zuständen den Atomrest durchqueren muß. Andernfalls würden die Terme nur sehr wenig von denen des H-Atoms verschieden sein; auch kennt man die Ionenradien aus der Theorie der Elektrolyte und der polaren Kristalle gut genug, um mit den sogleich zu erwähnenden Verfahren abschätzen zu können, daß die Bahn des Leuchtelektrons den Atomrest treffen muß (SCHRÖDINGER, BOHR).

Wollen wir die Bahnen des Leuchtelektrons im Rahmen unserer Theorie näherungsweise beschreiben, so können wir das nach SOMMERFELD und BOHR durch die Annahme, daß wir die Wirkung des Rumpfs auf das Elektron durch eine Zentralkraft ersetzen. Dann ist jedenfalls der Energiesatz für das Elektron allein erfüllt und wir haben es, wie bisher, mit dem Ein-Körper-Problem zu tun. Überdies gilt auch der Impulssatz und die Bahn ist eben.

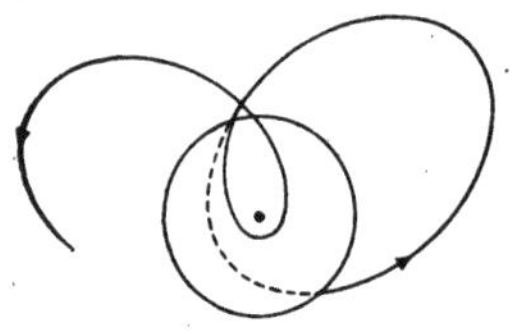

Abb. 9.

Nunmehr kann man mit BOHR zeigen, daß die Terme durch Formeln vom RYDBERGschen (oder dem genaueren RITZschen) Typus näherungsweise darstellbar sein müssen, vorausgesetzt, daß der Rumpf klein ist gegen die Dimensionen der Bahn des Leuchtelektrons. Der äußere Teil der Bahn wird sich dann von einer KEPLERschen Ellipse nur wenig unterscheiden; der innere Teil wird eine Schlinge von starker Krümmung bilden, da das Elektron dort in den Bereich der intensiven Kernanziehung gerät (s. Abb. 9).

Ersetzen wir den äußeren Bahnteil durch eine Ellipse, so wird deren Energie

$$W = -\frac{R h Z^{*2}}{n^{*2}}; \tag{1}$$

dabei hängt n^* in derselben Weise mit dem Aphelabstand $2a^*$ zusammen, wie oben für die Quantenbahnen des H-Atoms angegeben wurde:

$$a^* = \frac{h^2}{4\pi^2 \mu e^2 Z^*} n^{*2}, \tag{2}$$

und Z^* ist die „effektive Kernladung", d. h. die Differenz der Ladung des Kerns und der abschirmenden Elektronen des Ions. n^* braucht nicht ganzzahlig zu sein, denn es ist nicht die Hauptquantenzahl der ganzen Bahn; nennen wir letztere n, so ist jedenfalls die Frequenz der Bewegung von Aphel zu Aphel gegeben durch

$$\nu = \frac{\partial W}{\partial J} = \frac{1}{h} \frac{\partial W}{\partial n}. \tag{3}$$

Wegen unserer Annahme, daß der Rumpf klein ist, wird sich die Umlaufszeit $\frac{1}{\nu}$ der ganzen Bahn nur wenig von der Umlaufszeit $\frac{1}{\nu^*}$ der Ersatzellipse unterscheiden; letztere ist gegeben durch

$$\nu^* = \frac{1}{h} \frac{\partial W}{\partial n^*} = \frac{2 R Z^{*2}}{n^{*3}}. \tag{4}$$

Wir setzen also

$$\frac{1}{\nu} = \frac{1}{\nu^*} + b \qquad \text{oder} \qquad \frac{\nu^*}{\nu} = 1 + b\,\nu^* = 1 + \frac{2 R b Z^{*2}}{n^{*3}},$$

und betrachten b näherungsweise als konstant. Dann haben wir

$$\frac{dn}{dn^*} = \frac{\nu^*}{\nu} = 1 + \frac{2 R b Z^*}{n^{*3}}$$

und integriert

$$n = n^* - \delta_1 - \frac{\delta_2}{n^{*2}}$$

und nach n^* näherungsweise aufgelöst

$$n^* = n + \delta_1 + \frac{\delta_2}{n^2} + \cdots \tag{5}$$

Hier ist δ_1 eine Integrationskonstante, δ_2 durch das System gegeben $(\delta_2 = R b Z^{*2})$. Natürlich wird δ_1 noch von der zweiten Quantenzahl des Systems abhängen; die Bewegung in einem Zentralfeld ist nämlich zweifach periodisch: die eine Periode ist die schon betrachtete, die Bewegung des Elektrons von Perihel zu Perihel mit der Hauptquantenzahl n, die zweite Periode ist die des Perihelumlaufs selbst, mit einer Quantenzahl k. Dabei bedeutet hk den Drehimpuls des Elektrons, und da die Periheldrehung einfach periodisch ist, so kann sich k nur um ± 1 ändern (wie bei der Relativitätskorrektion des H-Atoms). δ_1 wird eine Funktion von k sein; man kann diese ebenfalls durch relativ einfache Überlegungen näherungsweise finden.

Der Ausdruck, den wir so für den Termwert gefunden haben, lautet

$$\frac{W}{h} = -\frac{R\,Z^{*2}}{\left(n + \delta_1(k) + \frac{\delta_2}{n^2} + \cdots\right)^2}; \tag{6}$$

er stimmt genau mit den empirisch entdeckten Termformeln von RYDBERG (δ_1-Glied) und RITZ (δ_1- und δ_2-Glied) überein.

Da k verschiedene Werte annehmen kann, wird jedes Atom mehrere *Serien von Termen* haben, und zwar werden wir wegen der Sprungregel von $k (k \rightarrow k \pm 1)$ erwarten, daß sich diese so ordnen lassen, daß immer ein Term einer Serie nur mit Termen der beiden Nachbarserien kombiniert. Das ist in der Tat der Fall; man ordnet gewöhnlich die Terme in Serien nach dem Schema:

$1s$	$2s$	$3s$	$4s$	$5s\ldots$
	$2p$	$3p$	$4p$	$5p\ldots$
		$3d$	$4d$	$5d\ldots$
			$4f$	$5f\ldots$
			. . .	. . . . .

wobei ein s-Term nur mit einem p-Term, ein p-Term nur mit s- und d-Termen usw. kombiniert. Daraus schließen wir mit SOMMERFELD, daß folgende Zuordnung besteht:

	s	p	d	$f\ldots$
$k =$	1	2	3	$4\ldots$

Nunmehr wird man daran gehen, die *wahren Hauptquantenzahlen* n für jeden beobachteten Term zu bestimmen. Dazu muß man in erster Linie feststellen, ob die betreffende Bahn Tauchbahn ist oder nicht. Man berechnet aus dem beobachteten Term $\frac{W}{h}$ die „effektive Quantenzahl" n^* nach der Formel

$$n^* = Z^* \sqrt{\frac{R\,h}{W}};$$

dadurch kennt man den Aphelabstand, nämlich die große Achse $2\,a^*$ der Ersatzellipse (s. Abb. 10); ferner kennt man den

„Parameter“ $2P$ der Ersatzellipse, der mit dem Werte k durch die Formel

$$P = \frac{h^2}{4\pi^2 \mu e^2 Z^*} k^2$$

zusammenhängt. Man kennt also ungefähr die ganze Ersatzellipse und kann beurteilen, ob sie in den Atomrest eintaucht, dessen Größe als Ionenvolumen einigermaßen bekannt ist. Wenn man so zu dem Schlusse kommt, daß die Bahn ganz außen verläuft, so muß die Rydberg-Korrektion δ_1 klein, d. h. n^* nahezu eine ganze Zahl sein; ist das der Fall, so wird man n gleich der nächsten ganzen Zahl an n^* wählen.

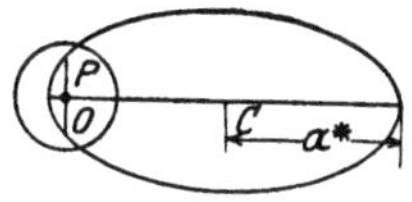

Abb. 10.

So verhalten sich in der Tat alle außen verlaufenden Terme

$$d(k=3), \qquad f(k=4), \ldots.$$

Dagegen gehören die s-Terme $(k=1)$ und p-Terme $(k=2)$ gewöhnlich zu Tauchbahnen. Hier weicht n^* wesentlich von ganzzahligen Werten ab; dann ist $\delta_1(k)$ beträchtlich groß, häufig größer als 1 oder 2. Um hier δ_1 wirklich zu bestimmen, braucht man Abschätzungsformeln, zu deren Ableitung ziemlich rohe Vorstellungen ausreichen. Jedenfalls läßt sich zu jedem Term mit ziemlicher Sicherheit die Hauptquantenzahl n bestimmen.

Am meisten interessiert dabei die Hauptquantenzahl des Normalzustandes. Das wichtigste Ergebnis läßt sich so aussprechen:

Bei jedem Alkaliatom (Wasserstoff mitgezählt) wächst die Hauptquantenzahl des Leuchtelektrons im Normalzustand um 1:

	H	Li	Na	K	Rb	Cs...
	$n = 1$	2	3	4	5	6 ...

8. Vorlesung.

Bohrs Aufbauprinzip. Bogen- und Funken-Spektrum. Die Röntgenspektren. Bohrs Tabelle der Besetzungszahlen der stationären Zustände. Die Multiplettstruktur der Spektrallinien und die Schwierigkeiten ihrer Erklärung.

Die Ableitung des periodischen Systems von Bohr stützt sich auf das sogenannte „*Aufbauprinzip*“, d. h. die Annahme, daß jedes Atom durch Anlagerung eines Elektrons an ein Ion entsteht, das in der Hauptsache so beschaffen ist, wie das vorangehende Atom mit der gleichen Zahl von Elektronen. Hierauf beruht die Möglichkeit, aus der Struktur eines Atoms auf die des folgenden zu schließen; man wird zunächst annehmen, daß der Atomrest des zweiten dieselbe Struktur hat, wie das erste Atom, und nachsehen, ob das Spektrum auf Grund einfacher Abschätzungen der RYDBERG-Konstanten nicht damit im Widerspruch steht. In vielen Fällen kennt man überdies die „*Funkenspektra*“, d. h. die Spektra der ionisierten Atome; auch diese Spektra kommen zustande, indem ein „Leuchtelektron“ um einen Rest umläuft, und dieser Rest wird in seiner Struktur demjenigen vorangehenden Atom gleichen, das dieselbe Elektronenzahl hat. Wir verstehen hierdurch sogleich den von SOMMERFELD und KOSSEL ausgesprochenen „*spektroskopischen Verschiebungssatz*“: Das Spektrum eines neutralen Atoms (oft nach seiner bequemsten Erzeugungsweise „*Bogenspektrum*“ genannt) ähnelt in seiner Struktur dem ersten Funkenspektrum des folgenden Atoms, dem zweiten Funkenspektrum des nächstfolgenden Atoms usw., nur daß die RYDBERG-Konstante R durch $4R$, $9R, \ldots$, allgemein $Z^{*2}R$ zu ersetzen ist. Von dem einfachsten Beispiel zu diesem Satze, wo die Übereinstimmung der Spektren streng gilt, haben wir schon Gebrauch gemacht, als wir die Spektren der Gebilde H, He^{+}, $Li^{++}, \ldots$ durch Einführung einer beliebigen Kernladungszahl Z gleichzeitig behandelten.

Eine einmal entstandene Elektronenkonfiguration gelangt beim Fortschreiten im periodischen System der Elemente immer tiefer ins Innere. Nun besitzen wir aber ein Mittel, das Atominnere direkt zu erforschen, die *Spektren der Röntgenstrahlen.* Das Zustandekommen dieser Spektren beruht nach KOSSEL auf folgendem Prozeß: Da alle Quantenbahnen gewissermaßen besetzt sind, kann nicht einfach ein Elektron von einer Bahn auf die andere springen, sondern es muß vorher ein Elektron durch Energiezufuhr (Elektronenstoß, Absorption von Röntgenlicht) aus einer Bahn entfernt werden. Dann fallen andere Elektronen von höheren Bahnen in die entstandene Lücke, und dadurch entstehen die Emissionslinien der Röntgenstrahlen. Je nachdem das zuerst entfernte Elektron die Hauptquantenzahl $n = 1, 2, 3, \ldots$ hatte, nennt man die durch Ausfüllen der Lücke entstehende Linie eine K-, L-, M-, ... Linie; und je nach der Herkunft des ersetzenden Elektrons unterscheidet man diese wieder durch Indices K_α, K_β, ..., L_α, L_β, ..., oder deutlicher durch Termdifferenzen wie $K—L$, $K—M$, ... Die Richtigkeit dieser Vorstellung läßt sich dadurch prüfen, daß für die Röntgenlinien wieder das Ritzsche Kombinationsprinzip gelten muß, und zwar sind die Energiewerte, als deren Differenzen die Frequenzen erscheinen, direkt gegeben durch die sogenannten „Absorptionskanten"; im Absorptionsspektrum des Atoms muß es nämlich scharfe „Kanten" geben, die die Frequenzen voneinander scheiden, deren Energiequant $h\nu$ größer oder kleiner ist als die Arbeit, die nötig ist zu der beim Absorptionsprozeß erfolgenden Entfernung eines Elektrons aus einer bestimmten Bahn. Auf diese Weise ist das System der „Röntgenterme" ebenso sicher festgelegt worden, wie das der optischen Terme.

Tragen wir nun die Röntgenterme als Funktion der Atomnummer Z auf, so erhalten wir im allgemeinen ganz glatte Kurven, wie zuerst Moseley und Darwin gefunden haben; nur da, wo irgendeine Unregelmäßigkeit in der Anlagerung der Elektronen auftritt, wird die Kurve einen schwachen Knick aufweisen.

Hierdurch haben wir ein Mittel, die durch die optischen Spektren gefundenen Elektronenanordnungen zu kontrollieren. Das Hauptresultat der Diskussion der beobachteten Spektren ist nämlich dies, daß keineswegs erst alle Elektronen mit $n = 1$, dann alle mit $n = 2$, $n = 3$, ... angebaut werden, sondern daß nachträglich, d. h. nachdem z. B. schon Elektronen mit $n = 4$ da sind, die inneren Schalen, also hier z. B. $n = 3$, aufgefüllt werden und zwar mit Elektronen von höherer azimutaler Quantenzahl k. Man liest dies teils aus den Spektren ab, teils benutzt man Tatsachen der Chemie. Wenn nämlich zwei aufeinander folgende Elemente sich nur dadurch unterscheiden, daß die Zahl der inneren Elektronen, etwa der mit $n = 3$, sich um 1 unterscheidet, während die Zahl der äußeren ($n = 4$) gleich bleibt (z. B. gleich 2), so wird man erwarten, daß diese Elemente chemisch äußerst ähnlich sind. Solche Gruppen ähnlicher Elemente haben wir gleich in der 4. Periode in der Gruppe Sc, Ti, ..., Ni, die das gemeinsame Merkmal des Para- bzw. Ferro-Magnetismus haben, dann noch ausgeprägter bei den seltenen Erden, die sich in jeder Hinsicht sehr ähneln. Man sieht das an folgender Darstellung des periodischen Systems der Elemente:

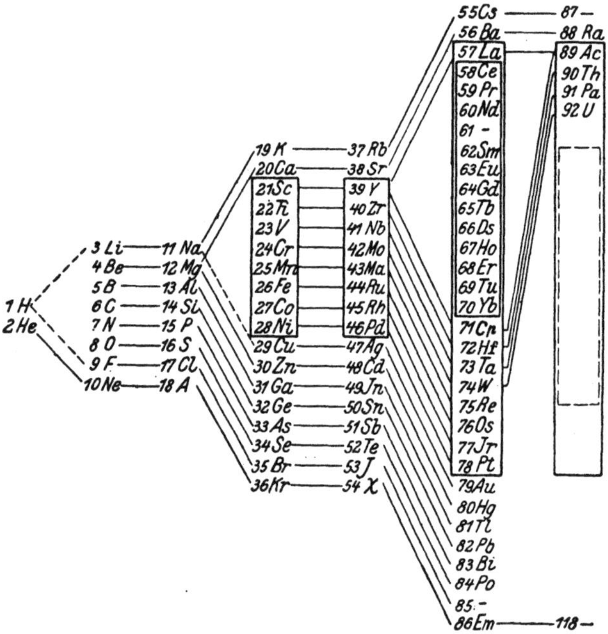

Abb. 11.

Als Resultat aller dieser Überlegungen teilen wir die (von einigen später widerlegten Einzelheiten gereinigte) Tabelle der Elektronenanordnung nach Bohr mit (am Schluß des Buches).

Hier sieht man, wie bei Sc ($Z = 21$) die schon vorläufig mit 8 Elektronen ausgebildete Gruppe $n = 3$, $k = 1{,}2$ von neuem zu wachsen beginnt, mit $n = 3$, $k = 3$; dasselbe sieht man bei Y ($Z = 39$) für $n = 4$, bei La ($Z = 57$) für $n = 5$.

Daß in der Tat bei diesen Elementen eine innere Umordnung eintritt, wird durch die Röntgenspektren bestätigt; man sieht hier deutlich an den Stellen $Z = 21$, 39, 57 Knicke in dem sonst glatten Verlauf der Röntgenterme als Funktion von Z (s. Abb. 12).

Viele Spektrallinien, die wir bislang als einfach behandelt haben, sind in Wirklichkeit vielfach, sogenannte „*Multipletts*"; ich

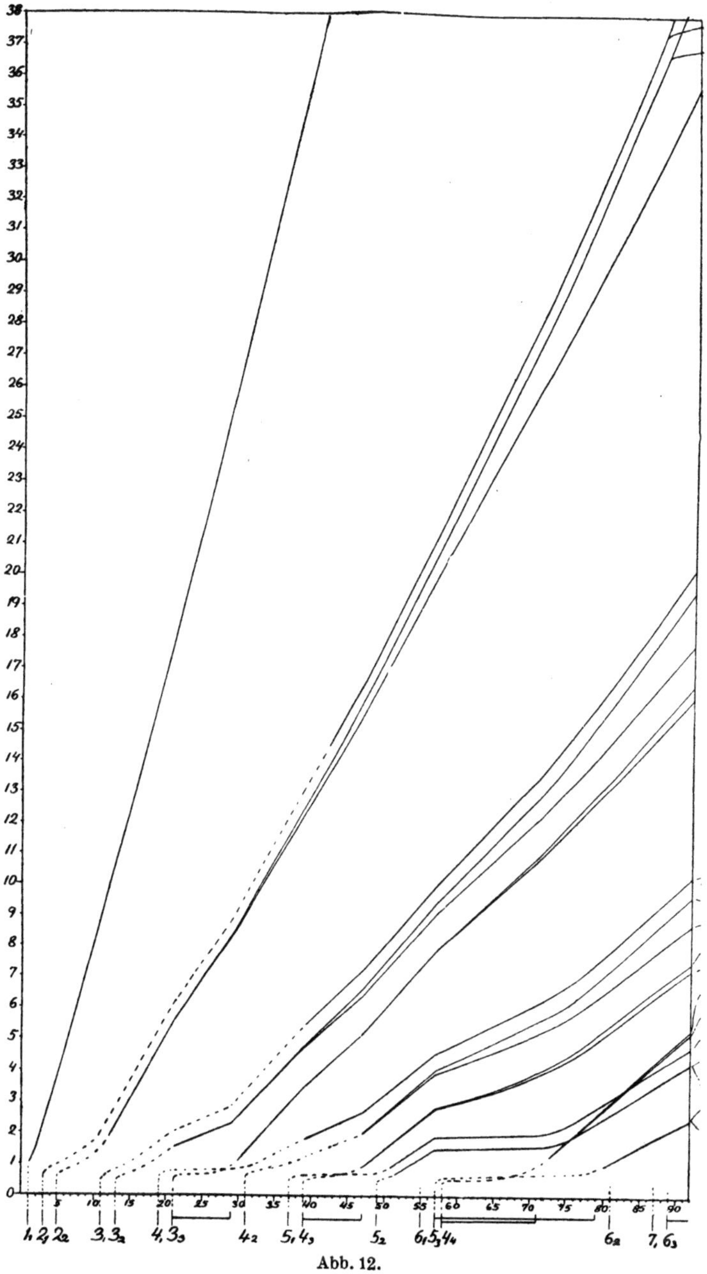

Abb. 12.

erinnere an die Dubletts der Alkalien, z. B. die beiden D-Linien des Natriums. SOMMERFELD hat diese zuerst in Terme aufgelöst, indem er eine neue „innere" Quantenzahl j einführte und die Sprungregel für diese angab. Die Möglichkeit einer dritten Quantenzahl des Leuchtelektrons ist ja durch die Zahl 3 der Freiheitsgrade gewährleistet. Wir brauchen nur anzunehmen, daß der Atomrest nicht kugelsymmetrisch ist, sondern axial-symmetrisch; dann läuft das Leuchtelektron nicht mehr in einem Zentralfeld, die Bahn ist also nicht mehr eben. Aber in erster Näherung können wir die Bewegung so beschreiben, daß die für einen Umlauf als eben zu betrachtende Bahn mit dem Drehimpuls K und die Achse des Atomrests mit dem Drehimpuls R als starres System eine Präzession um den im Raum festen Gesamtimpuls J ausführen (Abb. 13).

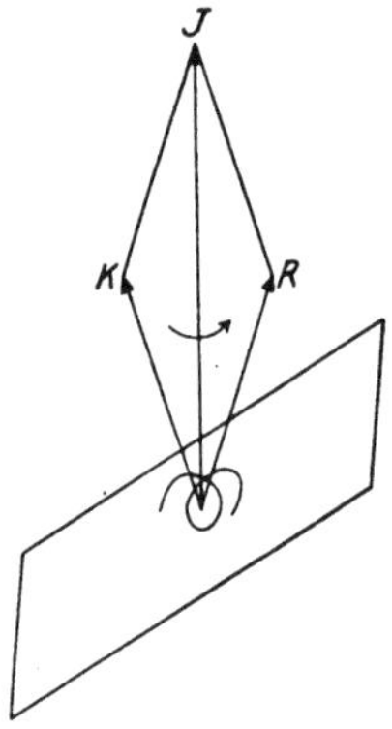

Abb. 13.

Nun sind K, R, J, wie leicht zu zeigen, Wirkungsvariabeln, die zu den zugehörigen Rotationswinkeln konjugiert sind; man wird also

$$K = h \cdot k, \qquad R = h \cdot r, \qquad J = h \cdot j$$

setzen, wobei k die schon früher eingeführte azimutale Quantenzahl des Leuchtelektrons in seiner Bahn ist. Die Quantenzahl r ist für die Konstitution des Atomrests charakteristisch; bei gegebenen r und k kann j nicht alle Werte annehmen, sondern nur solche zwischen $|k - r|$ und $k + r$. Ferner wird j als Präzessionsimpuls nur die Sprünge $j \rightarrow \begin{matrix} j-1 \\ j \\ j+1 \end{matrix}$ machen können, wobei $j \rightarrow j \pm 1$ den Schwingungen des elektrischen Moments senkrecht zur J-Achse, $j \rightarrow j$ den Schwingungen parallel zur J-Achse korrespondiert.

Man hat also tatsächlich hier eine Möglichkeit der Erklärung der Multipletts, und die von SOMMERFELD für die innere Quantenzahl empirisch ermittelte Sprungregel stimmt auch mit der theoretischen überein.

Nicht überein stimmt aber die Zahl der Komponenten, die zu gegebenem k, r gehören.

So wird man z. B. den sicherlich hochsymmetrischen Atomen der Edelgase am liebsten den Drehimpuls Null zuweisen, also auch dem Atomrest der Alkaliatome. Dann würden diese aber gar keine Aufspaltung zeigen. Gibt man aber den Edelgasatomen $r = 1$, so hat man für die Alkalien die j-Werte zwischen $k - 1$ und $k + 1$, also $j = k - 1$, $j = k$ und $j = k + 1$; die Alkaliatome aber haben nicht Tripletts, sondern im s-Zustand $(k = 1)$ Einfachlinien, in allen andern Zuständen $(k = 2, 3, \ldots)$ Dubletts.

Dies bedeutet eine Durchbrechung des Bohrschen Auswahlprinzips: Die Anzahl der möglichen Zustände eines Systems, das aus einem Ion durch Anlagerung eines Elektrons entsteht, ist nicht gleich dem Produkt der Anzahl der Zustände des Ions und der möglichen Elektronenbahnen, sondern um eins kleiner.

Wie schwer diese Widersprüche noch vor kurzer Zeit empfunden wurden, ersieht man daraus, daß Bohr selbst an einer Deutung der Multipletts und Zeeman-Effekte durch quantemechanische Modelle verzweifelte und etwas dunkle Begriffe wie „nichtmechanischen Zwang" einführte.

Formal hat man sich geholfen durch Einführung „halber Quantenzahlen" $\cdots -\frac{3}{2}, -\frac{1}{2}, \frac{1}{2}, \frac{3}{2}, \cdots$ und eines „Hexeneinmaleins", wie ich es nennen möchte. Wenn nämlich eine vom mechanischen Standpunkte „vernünftige" Theorie zu Quantenzahlen wie

$$-3, \; -2, \; -1, \; 0, \; 1, \; 2, \; 3$$

führt, so ersetzt man sie durch die darunter geschriebene Reihe:

$$\begin{array}{ccccccccccccc} -3, & & -2, & & -1, & & 0, & & 1, & & 2, & & 3 \\ & \diagdown\diagup & & \diagdown\diagup & & \diagdown\diagup & & \diagdown\diagup & & \diagdown\diagup & & \diagdown\diagup & \\ & -\frac{5}{2} & & -\frac{3}{2} & & -\frac{1}{2} & & \frac{1}{2} & & \frac{3}{2} & & \frac{5}{2} & \end{array}$$

deren Anzahl um 1 kleiner ist. So „erklärt" man z. B. die Alkali-Dubletts; die 3 Stellungen des edelgasartigen Atomrests $(r = 1)$ gegen die Elektronenbahn liefern nur 2 j-Werte:

$$\begin{array}{ccccc} k-1 & & k & & k+1 \\ & \diagdown\diagup & & \diagdown\diagup & \\ & j = k - \frac{1}{2} & & k + \frac{1}{2} & \end{array}$$

und ganz ähnlich verfuhr man beim Zeeman-Effekt.

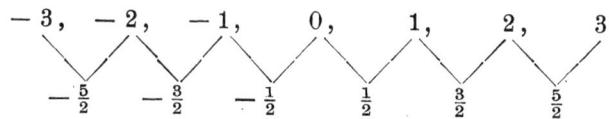

Alldem lag der Gedanke zugrunde, daß hier tiefe Abweichungen von der Mechanik vorliegen; aber schließlich hat sich herausgestellt, daß dem keineswegs so ist, sondern daß es sich in der Hauptsache um ein *falsches Modell* handelt. Wir haben schon oben (6. Vorlesung) davon gesprochen: PAULI fand, daß die bisher als Drehimpuls des Atomrests gedeutete Größe $R = hr$ dem Elektron zuzuordnen ist, und zwar mit den Werten $r = -\frac{1}{2}, +\frac{1}{2}$; dann ist das Aufbauprinzip von selbst gewahrt. Hat man z. B. ein Alkali-Atom mit einem Leuchtelektron, das um einen Atomrest ohne Drehimpuls umläuft, so entspricht das Dublett den beiden Werten von r, $-\frac{1}{2}$ und $+\frac{1}{2}$; geht man zum benachbarten Erdalkali-Atom über, so hat das neu hinzukommende Elektron wieder zwei r-Werte $-\frac{1}{2}$ und $+\frac{1}{2}$, sodaß im ganzen *vier* mögliche Kombinationen der r-Werte beider Elektronen entstehen $(-\frac{1}{2}, -\frac{1}{2};\ -\frac{1}{2}, +\frac{1}{2};\ +\frac{1}{2}, -\frac{1}{2};\ +\frac{1}{2}, +\frac{1}{2})$. Empirisch findet man bei den Erdalkalien eine Singulett- und ein Triplett-Termfolge, also in der Tat 4 Terme. Auf die näheren Einzelheiten gehen wir später (18. Vorlesung) ein. UHLENBECK und GOUDSMIT deuteten $R = hr$ als Drehimpuls des Elektrons. Diese Änderung des Modells genügt tatsächlich, um qualitativ die Theorie mit den Erfahrungen in Einklang zu bringen. Es bleiben nur noch einige quantitative Differenzen, die, wie wir sehen werden, durch eine Abänderung der Mechanik behoben werden.

Aber diese verhältnismäßig unbeträchtlichen Abweichungen waren nicht eigentlich die Gründe, die eine Unzufriedenheit mit der bisher gebräuchlichen Formulierung der Quantenmechanik erzeugten. Viel einschneidender war die Unmöglichkeit, die Intensität von Spektrallinien und die Übergangswahrscheinlichkeiten anders als korrespondenzmäßig, d. h. angenähert, zu beschreiben. Hier lag offenbar eine wirkliche Lücke der Theorie vor: Fourierkoeffizienten einer stationären Bewegung sind ihrem Wesen nach nicht geeignet, die Amplituden der beim Übergang zwischen zwei stationären Zuständen ausgesandten Wellen darzustellen.

HEISENBERG gelang es kürzlich, diese Lücke auszufüllen und den Schlüssel zu der so lange verschlossenen Pforte zu finden, die uns von dem Reiche der Atomgesetze trennt. In seiner ersten kurzen Abhandlung sind die physikalischen Gedanken klar formuliert, aber mangels eines geeigneten mathematischen

Apparates nur an Beispielen erläutert. Diesen Apparat haben JORDAN und ich in der Matrizenrechnung entdeckt. Kurz darauf hat, wie ich später sah, auch DIRAC einen Formalismus gefunden, der dem unsrigen gleichwertig ist, allerdings ohne daß er die Identität mit der den Mathematikern geläufigen Matrizentheorie bemerkt zu haben scheint.

9. Vorlesung.

Einführung in die neue Quantentheorie. Darstellung einer Koordinate durch eine Matrix. Die elementaren Regeln der Matrizenrechnung.

Wenn wir nach einem Angriffspunkt für eine Umgestaltung der Theorie suchen, so müssen wir uns bewußt sein, daß in einem schweren Falle schwache Heilmittel wenig nützen, sondern daß auf die Grundlagen zurückgegriffen werden muß. Es ist notwendig, nach einem allgemeinen Prinzip, einem philosophischen Gedanken Umschau zu halten, der in andern ähnlichen Fällen sich bereits bewährt hat. Hierzu blicken wir auf die Zeit vor der Relativitätstheorie zurück, als die Elektrodynamik bewegter Körper in einem ähnlich verwirrten Zustande war, wie bislang die Atomtheorie. Hier fand EINSTEIN einen Ausweg aus den Schwierigkeiten durch die Feststellung, daß die bestehende Theorie mit einem Grundbegriff operierte, dem in der physikalischen Welt keine beobachtbare Erscheinung entsprach: dem Begriff der Gleichzeitigkeit. Er zeigte, daß es prinzipiell unmöglich ist, die „absolute“ Gleichzeitigkeit zweier an verschiedenen Orten stattfindenden Ereignisse festzustellen, daß man hierzu vielmehr eine neue Definition der „relativen“ Gleichzeitigkeit braucht, die ein ganz bestimmtes Meßverfahren vorschreibt, und er gab ein solches Verfahren an, das der inneren Struktur der Gesetze der Lichtausbreitung und der elektromagnetischen Vorgänge angepaßt war. Der Erfolg hat dieses Vorgehen gerechtfertigt und damit zugleich das Ausgangsprinzip: die wahren Naturgesetze stellen Beziehungen her zwischen Größen, die prinzipiell beobachtbar sein müssen. Wenn Größen, denen diese Eigenschaft nicht zukommt, in unsern Theorien auftreten, so ist das ein Zeichen dafür, daß noch etwas mangelhaft daran ist. In der Relativitätstheorie hat sich auch in ihrer weiteren Entwicklung die Fruchtbarkeit dieses Gedankens bewährt; denn das Verfahren, die Naturgesetze in invariante, vom Bezugssystem unabhängige Formen zu bringen, ist nur ein Ausdruck des Bestrebens, nicht beobachtbare Größen zu vermeiden. Ähnlich liegt es in andern Gebieten der Physik.

In unserm Falle der Atomtheorie haben wir nun sicherlich Größen als wesentliche Bestandteile in die Theorie eingeführt, gegen deren Beobachtbarkeit schwerwiegende Bedenken erhoben werden können; z. B. Ort, Geschwindigkeit, Umlaufszeit des Elektrons. Was wir wirklich mit Hilfe unserer Theorie berechnen wollen und experimentell beobachten können, sind die Energiestufen und die daraus abzuleitenden Lichtfrequenzen; auch ist ein mittlerer Atomradius (Atomvolumen) eine beobachtbare Größe, der mit den Methoden der kinetischen Gastheorie oder mit andern ähnlichen Hilfsmitteln bestimmbar ist. Dagegen hat noch niemand ein Mittel angeben können, die Umlaufszeit des Elektrons in seiner Bahn zu bestimmen, oder gar den Ort des Elektrons in einem bestimmten Augenblick. Es scheint auch keine Hoffnung, daß dies jemals möglich sein wird; denn um Längen oder Zeiten zu bestimmen[1]), braucht man Maßstäbe und Uhren, aber alle diese bestehen selbst wieder aus Atomen und versagen daher im Bereiche der Atomdimensionen. Man muß sich klar sein: Alle Messungen atomarer Größenordnungen beruhen auf indirekten Schlüssen. Aber diese sind nur zwingend, wenn die Gedankenketten in sich folgerichtig sind und in einem gewissen Bereich der Erfahrung entsprechen. Aber gerade letzteres ist für die Atomstrukturen, wie wir sie bisher konstruiert haben, nicht der Fall; ich habe immer auf die Punkte aufmerksam gemacht, wo die Theorie versagt.

Bei dieser Sachlage scheint es berechtigt, die Beschreibung der Atome mit Hilfe solcher Größen wie „Koordinaten der Elektronen zu einer bestimmten Zeit“ ganz aufzugeben und statt derselben solche Größen zu benutzen, die wirklich beobachtbar sind. Hierzu gehören außer den durch Elektronenstoß direkt meßbaren Energiestufen und den daraus abgeleiteten, auch direkt meßbaren Frequenzen jedenfalls auch die Intensität und der Polarisationszustand der ausgesandten Wellen. Wir

---

[1]) Ausgenommen den Fall, wo die Umlaufszeit zufällig mit einer Lichtfrequenz zusammenfällt, wie z. B. bei gewissen schönen Versuchen von FERMI und ROSETTI.

stellen uns also auf den Standpunkt, daß die Elementarwellen die primären Daten zur Beschreibung atomarer Prozesse sind. Aus ihnen sind alle andern Größen abzuleiten.

Daß dieser Standpunkt weitere Möglichkeiten bietet als die Voranstellung der Elektronenbewegungen, sieht man ein, wenn man den COMPTON-Effekt ins Auge faßt. Wenn eine Röntgenwelle der Frequenz ν freie (oder sehr locker gebundene) Elektronen trifft, so erteilt sie diesen stoßartig Geschwindigkeiten in beliebigen Richtungen; zugleich entsteht dabei eine sekundäre Röntgenstrahlung mit einer verkleinerten Frequenz ν', die vom Azimut abhängt. Nach COMPTON und DEBYE kann man das quantitiv erklären, indem man den Wellen die Energien $h\nu$, $h\nu'$ und die Impulse $\frac{h\nu}{c}$, $\frac{h\nu'}{c}$ zuschreibt und dann auf den Stoß der Lichtquanten und des Elektrons die Sätze von der Erhaltung der Energie und des Impulses anwendet. Blickt man aber auf den Vorgang vom Standpunkt der Wellentheorie, so muß man die Änderung der Frequenz wohl als Dopplereffekt deuten. Eine Berechnung der Geschwindigkeiten der Wellenzentren ergibt dann außerordentlich große Werte, und zwar in der Richtung des primären Röntgenstrahls, nicht in der des Elektrons. Wir haben hier also den Fall, daß Bewegung des Elektrons und Bewegung der Wellenzentren nicht übereinstimmen. In der klassischen Theorie, wo die ausgesandten Wellen durch die harmonischen Komponenten der Elektronenbewegung bestimmt werden, ist das natürlich völlig unerklärlich. Wir stehen daher vor einem neuen Faktum, das uns zwingt, eine Entscheidung zu treffen, ob die Elektronenbewegung oder die Welle als der primäre Akt angesehen werden soll. Nachdem alle Theorien, die die Bewegung voranstellen, nicht befriedigt haben, versuchen wir es mit den Wellen.

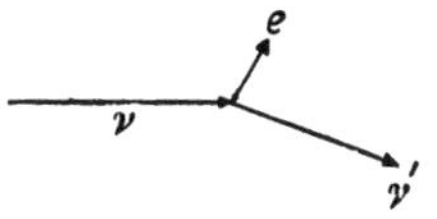

Abb. 14.

Wir betrachten zunächst Vorgänge, denen in der klassischen Theorie eine eindimensionale Bewegung entsprechen würde, etwa gegeben durch die Fourierdarstellung der Koordinate q:

$$q(t) = \sum_{\tau} q_{\tau}\, e^{2\pi i \nu_{\tau} t}. \tag{1}$$

Wir fassen aber jetzt nicht die Bewegung $q(t)$, sondern die Gesamtheit der Elementarschwingungen

$$q_\tau e^{2\pi i \nu \tau t}$$

ins Auge und suchen sie so abzuändern, daß sie nicht die Oberschwingungen einer Bewegung, sondern die wirklichen Wellen eines Atoms darzustellen geeignet ist.

Die Frequenzen sind also (im allgemeinen) nicht harmonisch ($\nu\tau$), sondern lassen sich nach dem RITZschen Kombinationsprinzip als Differenzen je zweier Zahlen der Termreihe $\frac{W_1}{h}, \frac{W_2}{h}, \ldots$ darstellen; wir schreiben daher

$$\nu(n\,m) = \frac{1}{h}(W_n - W_m). \tag{2}$$

Zu jedem „Sprunge“ $n \rightarrow m$ gehört aber auch eine Amplitude und eine Phase, die wir in die komplexe Amplitude zusammenfassen:

$$q(n, m) = |q(n, m)|\, e^{i\delta(n, m)}. \tag{3}$$

Die Gesamtheit aller möglichen Schwingungen übersieht man am besten, wenn man sie in ein quadratisches Schema

$$\left\{\begin{matrix} q(11)\, e^{2\pi i \nu(11) t} & q(12)\, e^{2\pi i \nu(12) t} & \ldots \\ q(21)\, e^{2\pi i \nu(21) t} & q(22)\, e^{2\pi i \nu(22) t} & \ldots \\ \ldots & \ldots & \ldots \end{matrix}\right\}$$

ordnet; wir schreiben dafür kurz

$$\boldsymbol{q} = \left(q(n\,m)\, e^{2\pi i \nu(n\,m) t}\right) = \left(|q(n\,m)|\, e^{i(2\pi\nu(nm)t + \delta(n\,m))}\right). \tag{4}$$

Damit dies Schema einer reellen Fourierreihe $q(t)$ korrespondiert, müssen wir noch die Bedingung

$$\delta(n\,m) = -\delta(m\,n)$$

hinzufügen, oder die äquivalente, daß $q(n\,m)$ bei Vertauschung von m und n in den konjugierten Wert $q^*(n\,m)$ übergeht:

$$q(m\,n) = q^*(n\,m). \tag{5}$$

Denn für eine reelle Fourierreihe gilt das entsprechende;

$$q_{-\tau} = q_\tau^*.$$

Man nennt eine solche Matrix eine *hermitesche* (nach dem französischen Mathematiker HERMITE).

Die Mannigfaltigkeit der Elementarschwingungen wird also in natürlicher Weise durch ein zweidimensionales Schema repräsentiert, während die Mannigfaltigkeit der Oberschwingungen einer Bewegung durch die eindimensionale Reihe

$$q_1\, e^{2\pi i \nu t}, \quad q_2\, e^{2\pi i 2\nu t}, \quad q_3\, e^{2\pi i 3\nu t}, \quad \ldots$$

dargestellt wird. Darum mußte man in der bisher behandelten Theorie eine ganze Reihe von Bewegungen zugleich ins Auge fassen, die stationären Zustände, die durch einen weiteren Index, die Quantenzahl n, unterschieden wurden, wobei C und ν Funktionen von n wurden. Aber das so gewonnene Schema hat weder die richtigen Frequenzen, noch die einfache und eindeutige Zuordnung zu den Sprüngen.

Nun müssen wir die Gesetze aufstellen, aus denen sich die Amplituden $q(n\,m)$ und die Frequenzen $\nu(n\,m)$ bestimmen. Dabei wollen wir das Prinzip benützen, daß wir die neuen Gesetze denen der klassischen Mechanik so ähnlich machen wollen als irgend möglich ist. Denn die Tatsache, daß die Theorie der bedingt periodischen Bewegungen nach der klassischen Mechanik immerhin imstande war, von vielen Quantenerscheinungen Rechenschaft zu geben, zeigt uns, daß nicht ein Umsturz der Mechanik das Wesentliche ist, sondern der Übergang von der klassischen Geometrie und Kinematik zu der neuen Darstellungsweise durch Elementarwellen.

Als einfachstes Beispiel der klassischen Mechanik erinnern wir uns an den Oszillator; wir wissen, daß aus der Kenntnis der potentiellen Energie $\frac{\varkappa}{2} q^2(t)$ alles weitere folgt. Man kann nun die potentielle Energie durch die Elementarwellen ausdrücken; denn das Quadrat einer Fourierreihe ist wieder eine solche:

$$q^2(t) = \Big(\sum_\tau q_\tau\, e^{2\pi i \nu \tau t}\Big)^2 = \sum_\tau Q_\tau\, e^{2\pi i \nu \tau t}, \qquad (6)$$

wo

$$Q_\tau = \sum_\sigma q_\sigma\, q_{\tau-\sigma}$$

gesetzt ist. Die Gesamtheit der Größen Q_τ repräsentiert also in genau derselben Weise die Funktion $q(t)^2$, wie die Gesamtheit der q_τ die Funktion $q(t)$ repräsentiert.

Dies läßt sich auf unser quadratisches Schema übertragen; wir werden fragen: kann man nicht eine Multiplikationsregel für die $q(nm)$ aufstellen, durch die sich zu jedem Schema $\boldsymbol{q}$ ein neues — wir nennen es symbolisch $\boldsymbol{q}^2$ — konstruieren läßt, und zwar so, daß dabei keine neuen Frequenzen auftreten?

Die letztere Bedingung ist wesentlich; sie korrespondiert dem Satze der klassischen Theorie, daß das Quadrat einer Fourierreihe (oder das Produkt zweier solchen mit gleicher Grundfrequenz) wieder eine Fourierreihe mit derselben Grundfrequenz ist.

Die Antwort auf diese Frage wird dadurch gegeben, daß man unser quadratisches Schema mit dem Auge des Mathematikers als „Matrix" ansieht und die ihm geläufige Regel der Matrizenmultiplikation darauf anwendet. Man definiert:

Als *Produkt zweier Matrizen*

$$\boldsymbol{a} = (a(nm)), \qquad \boldsymbol{b} = (b(nm))$$

bezeichnet man die Matrix

$$\boldsymbol{c} = (c(nm)) = (\sum_k a(nk)\, b(km)) = \boldsymbol{a}\boldsymbol{b}. \tag{7}$$

Wenden wir das auf unser Schema der Elementarwellen $\boldsymbol{q}$ an und multiplizieren es mit einem andern Schema $\boldsymbol{p}$, das dieselben Frequenzen $\nu(nm)$ hat, so erhalten wir

$$\boldsymbol{q}\boldsymbol{p} = (\sum_k q(nk)\, e^{2\pi i \nu(nk)t}\, p(km)\, e^{2\pi i \nu(km)t});$$

nun ist aber

$$\nu(nk) + \nu(km) = \frac{1}{h}(W_n - W_k) + \frac{1}{h}(W_k - W_m)$$
$$= \frac{1}{h}(W_n - W_m) = \nu(nm),$$

also wird:

$$\boldsymbol{q}\boldsymbol{p} = (\sum_k q(nk)\, p(km) \cdot e^{2\pi i \nu(nm)t}), \tag{8}$$

d. h. das symbolische Produkt gehört zu denselben Frequenzen. Diese Formel ist die sinngemäße Verallgemeinerung der Regel für die Bildung des Fourierkoeffizienten des Produkts zweier Fourierreihen. Man erkennt, wie die Matrizen-Multiplikationsregel aufs engste mit der RYDBERG-RITZschen Kombinationsregel zusammenhängt.

Damit sind aber die Grundlagen für das Rechnen mit Matrizen gegeben; denn Addition und Subtraktion erfolgen einfach durch Ausführung der Operationen an den einzelnen Elementen:

$$\boldsymbol{a} + \boldsymbol{b} = (a(m\,n) + b(m\,n)). \tag{9}$$

Die Schreibweise kann man noch dadurch vereinfachen, daß man die Faktoren $e^{2\pi i \nu t}$ überhaupt wegläßt; die Matrix $\boldsymbol{q} = (q(n\,m))$ soll uns also eine Koordinate darstellen.

Der *Differentialquotient einer Matrix nach der Zeit* ist die Matrix

$$\dot{\boldsymbol{q}} = (2\pi i \nu(n\,m)\,q(n\,m)), \tag{10}$$

wo wieder der Zeitfaktor weggelassen ist. Man kann diese Operation des Differenzierens auch mit Hilfe der Matrizenmultiplikation ausdrücken.

Dazu benützen wir den Begriff der *Einheitsmatrix*

$$\boldsymbol{1} = \begin{pmatrix} 1 & 0 & 0 & \dots \\ 0 & 1 & 0 & \dots \\ 0 & 0 & 1 & \dots \\ \cdot & \cdot & \cdot & \cdot\;\cdot\;\cdot \end{pmatrix} = (\delta_{n\,m}), \quad \text{wo} \quad \delta_{n\,m} = \begin{cases} 1 \text{ für } n = m, \\ 0 \;\;\text{,,}\;\; n \neq m. \end{cases} \tag{11}$$

Den Faktor **1** kann man, wie in der gewöhnlichen Algebra, auch weglassen.

Aus dieser bilden wir eine „*Diagonalmatrix*“:

$$\boldsymbol{W}(n\,m) = (W_n\,\delta_{n\,m}) = \begin{pmatrix} W_1 & 0 & 0 & \dots \\ 0 & W_2 & 0 & \dots \\ 0 & 0 & W_3 & \dots \\ \cdot & \cdot & \cdot & \cdot\;\cdot\;\cdot \end{pmatrix}. \tag{12}$$

Nun multiplizieren wir diese mit der Matrix $\boldsymbol{q}(n\,m)$; dabei machen wir die, für das Folgende wichtige Beobachtung, daß die Matrizenmultiplikation n i c h t kommutativ ist: Es ist

$$\boldsymbol{W}\boldsymbol{q} = (\sum_k W(n\,k)\,q(k\,m)) = (W_n \sum_k \delta_{n\,k}\,q(k\,m)) = (W_n\,q(n\,m)),$$

aber

$$\boldsymbol{q}\,\boldsymbol{W} = (\sum_k q(n\,k)\,W(k\,m)) = (\sum_k q(n\,k)\,W_k\,\delta_{k\,m}) = (W_m\,q(n\,m)).$$

Bilden wir nun die Differenz

$$\boldsymbol{W}\boldsymbol{q} - \boldsymbol{q}\boldsymbol{W} = ((W_n - W_m)\, q(n\,m)), \tag{13}$$

so sehen wir, daß wegen des Kombinationsprinzips

$$\nu(n\,m) = \frac{1}{h}(W_n - W_m)$$

die Formel

$$\dot{\boldsymbol{q}} = \frac{2\pi i}{h}(\boldsymbol{W}\boldsymbol{q} - \boldsymbol{q}\boldsymbol{W}) \tag{14}$$

entsteht.

10. Vorlesung.

Die Vertauschungsregel und ihre Begründung durch eine Korrespondenzbetrachtung. Matrizenfunktionen und ihre Differentiation nach Matrizenvariablen.

Wir versuchen nun, die klassische Mechanik möglichst unverändert auf die Matrizen zu übertragen. Wir ordnen daher der Koordinatenmatrix $\boldsymbol{q}$ eine Impulsmatrix $\boldsymbol{p}$ zu, bilden aus beiden durch wiederholte (gegebenenfalls auch unendlich oft wiederholte) Anwendung der Matrizen-Addition und -Multiplikation eine Hamiltonsche Funktion $\boldsymbol{H}$ und suchen das Analogon der kanonischen Differentialgleichungen aufzustellen. Hierbei treffen wir wieder auf die Schwierigkeit, daß das Produkt nicht kommutativ ist: $\boldsymbol{q}\boldsymbol{p}$ braucht nicht gleich $\boldsymbol{p}\boldsymbol{q}$ zu sein. Aber gerade hier setzt die Quantentheorie ein: Ich behaupte, daß man die *Vertauschungsregel*

$$\boldsymbol{p}\boldsymbol{q} - \boldsymbol{q}\boldsymbol{p} = \frac{h}{2\pi i} \tag{1}$$

aufstellen muß, durch die die Planckschen Konstante h ganz eng in die Grundlagen der Theorie verflochten wird.

Man kann diese Relation plausibel machen, indem man zeigt, daß sie im Grenzfall großer Quantenzahlen in die Quantenbedingung periodischer Systeme übergeht. Dieser Grenzfall ist genauer so zu beschreiben: Wir betrachten große Werte von m und n und nehmen an, daß alle $q(m, n)$, $p(m, n)$ verschwindend klein sind, außer wenn $|m - n| = \tau$ klein gegen m und n ist. Der Einfachheit halber beschränken wir uns auf den Fall, wo $\boldsymbol{p} = \mu\dot{\boldsymbol{q}}$ ist, also $p(m\,n) = 2\pi i\,\mu\,\nu(m\,n)\,q(m\,n)$.

Nun fassen wir die Diagonalelemente unserer Bedingung (1) ins Auge:

$$\sum_k \left(p(n\,k)\,q(k\,n) - q(n\,k)\,p(k\,n)\right) = \frac{h}{2\pi i} \tag{2}$$

oder

$$\sum_k \nu(n\,k)\,|q(n\,k)|^2 = -\frac{h}{8\pi^2\mu}.$$

Für die Summe kann man schreiben:

$$\sum_{\tau>0}\left(\nu(n, n+\tau)\,|q(n, n+\tau)|^2 + \nu(n, n-\tau)\,|q(n, n-\tau)|^2\right)$$

oder wegen $\nu(m, n) = -\nu(n, m)$:

$$-\sum_{\tau>0}\left(\nu(n+\tau, n)\,|q(n+\tau, n)|^2 - \nu(n, n-\tau)\,|q(n, n-\tau)|^2\right).$$

Setzt man

$$f_\tau(n) = \nu(n, n-\tau)\,|q(n, n-\tau)|^2,$$

so hat man also:

$$\sum_{\tau>0} \tau \cdot \frac{f_\tau(n+\tau) - f_\tau(n)}{\tau} = \frac{h}{8\pi^2\mu}$$

Geht man nun zur Grenze $n \gg \tau$ über, so bekommt man die klassischen Formeln: Man setze $nh = J$, dann wird

$$\nu(n, n-\tau) = \tau\,\frac{W(n) - W(n-\tau)}{\tau h} \to \tau\,\frac{dW}{dJ} = \tau\nu \tag{3}$$

die klassische Frequenz der τ-ten Oberschwingung; ferner wird

$$q(n, n-\tau) \to q_\tau(J)$$

die zugehörige Amplitude; also

$$f_\tau(n) \to f_\tau(J) = \nu\tau \cdot |q_\tau(J)|^2$$

und

$$\frac{h}{8\pi^2\mu} = \sum_{\tau>0} \tau\,\frac{f_\tau(n+\tau) - f_\tau(n)}{h\tau} \to \sum_{\tau>0} \tau\,\frac{\partial}{\partial J} f_\tau(J). \tag{4}$$

Diese Formel stellt aber die Quantenbedingung der Bohrschen Theorie

$$\oint p\,dq = J = hn$$

dar. Denn setzt man

$$q(t) = \sum_\tau q_\tau e^{2\pi i \nu \tau \cdot t},$$

so wird

$$J = \mu \int_0^{\frac{1}{\nu}} \dot{q}^2 \, dt = -\mu (2\pi)^2 \int_0^{\frac{1}{\nu}} \sum_{\substack{\tau, \sigma \\ -\infty}}^{\infty} \nu\sigma \, q_\tau q_\sigma \, e^{2\pi i \nu (\tau+\sigma) t} \, dt$$

$$= 4\pi^2 \mu \cdot 2 \sum_{\tau > 0} \tau^2 \nu \, q_\tau q_{-\tau} = 8\pi^2 \mu \sum_{\tau > 0} \tau \cdot \nu\tau \, | q_\tau |^2.$$

Differenziert man das nach J, so erhält man

$$\frac{1}{8\pi^2 \mu} = \sum_{\tau > 0} \tau \frac{\partial}{\partial J} \nu\tau \, | q_\tau |^2 = \sum_{\tau > 0} \tau \frac{\partial}{\partial J} f_\tau(J), \tag{5}$$

in Übereinstimmung mit obigem Grenzwert.

Diese Korrespondenzbetrachtung liefert also eine Begründung für die Diagonalelemente der Grundrelation (1). Es liegt nahe, die übrigen Elemente gleich Null zu setzen, um der Kommutativität so nahe zu kommen als möglich.

Durch die Vertauschungsrelation wird das Rechnen mit Matrizen eindeutig. Wir können daher durch wiederholte Anwendung der Operationen Addition und Multiplikation Funktionen von $\boldsymbol{p}$ und $\boldsymbol{q}$ bilden. So haben wir z. B. für die Energiefunktion des harmonischen Oszillators (Masse μ):

$$\boldsymbol{H} = \frac{1}{2\mu} \boldsymbol{p}^2 + \frac{\varkappa}{2} \boldsymbol{q}^2. \tag{6}$$

Um hieraus die kanonischen Gleichungen zu bilden, müssen wir die Operation des Differenzierens einführen.

Den *Differentialquotienten einer Matrizenfunktion* $\boldsymbol{f}(\boldsymbol{x})$ nach der Argumentmatrix $\boldsymbol{x}$ definieren wir durch

$$\frac{d\boldsymbol{f}}{d\boldsymbol{x}} = \lim_{a \to 0} \frac{\boldsymbol{f}(\boldsymbol{x} + \boldsymbol{\alpha}) - \boldsymbol{f}(\boldsymbol{x})}{\boldsymbol{\alpha}}, \tag{7}$$

wobei $\boldsymbol{\alpha}$ das Produkt einer Zahl in eine Einheitsmatrix sein soll:

$$\boldsymbol{\alpha}(m\,n) = \alpha \, \delta_{mn}.$$

Die Multiplikation mit einer solchen Matrix oder ihrer reziproken

$$\boldsymbol{\alpha}^{-1}(m\,n) = \frac{1}{\alpha} \delta_{mn}$$

ist kommutativ; daher hat unsere Definition einen eindeutigen

Sinn. Hiernach ist z. B.

$$\frac{dx}{dx}(m\,n) = \lim_{\alpha \to 0} \frac{1}{\alpha}[(x\,(m\,n) + \alpha\,\delta_{mn}) - x\,(m\,n)] = \delta_{mn},$$

also

$$\frac{dx}{dx} = 1,$$

ebenso

$$\frac{dx^2}{dx}(m\,n) = \lim_{\alpha \to 0} \frac{1}{\alpha}\left[\sum_k (x_{mk} + \alpha\delta_{mk})(x_{kn} + \alpha\delta_{kn}) - \sum_k x_{mk}\,x_{km}\right]$$
$$= 2\,x_{mn},$$

also

$$\frac{dx^2}{dx} = 2\,x.$$

Die Produktregel

$$\frac{d\varphi\psi}{dx} = \varphi\frac{d\psi}{dx} + \frac{d\varphi}{dx}\psi \tag{8}$$

ergibt sich wie in der gewöhnlichen Analysis:

$$\frac{d\varphi\psi}{dx} = \lim_{\alpha\to 0}\frac{1}{\alpha}\Big(\varphi(x+\alpha)\,\psi(x+\alpha) - \varphi(x)\,\psi(x)\Big)$$
$$= \lim_{\alpha\to 0}\frac{1}{\alpha}\Big(\varphi(x+\alpha)\,\psi(x+\alpha) - \varphi(x+\alpha)\,\psi(x)$$
$$+ \varphi(x+\alpha)\,\psi(x) - \varphi(x)\,\psi(x)\Big)$$
$$= \varphi\frac{d\psi}{dx} + \frac{d\varphi}{dx}\psi.$$

Dabei ist zu beachten, daß die Reihenfolge φ, ψ eingehalten wird. Daraus folgt dann ohne weiteres

$$\frac{dx^n}{dx} = n\,x^{n-1}.$$

Der partielle Differentialquotient einer Matrizenfunktion mehrerer Argumentmatrizen $f(x_1, x_2, \ldots)$, etwa nach x_1, entsteht, wenn man unsere Definition des Differenzierens auf x_1 allein, bei konstant gehaltenen x_2, $x_3, \ldots$ anwendet.

11. Vorlesung.

Die kanonischen Gleichungen der Mechanik. Beweis des Energiesatzes und der „Frequenzbedingung“. Kanonische Transformationen. Das Analogon der HAMILTON-JACOBIschen Differentialgleichung.

Nunmehr können wir die *kanonischen Gleichungen* ausschreiben:

$$\left.\begin{aligned} \dot{\boldsymbol{q}} &= \frac{\partial \boldsymbol{H}}{\partial \boldsymbol{p}}, \\ \dot{\boldsymbol{p}} &= -\frac{\partial \boldsymbol{H}}{\partial \boldsymbol{q}}. \end{aligned}\right\} \tag{1}$$

Es sind eigentlich unendlich viele Gleichungen für unendlich viele Unbekannte, da die rechts und links stehenden Matrizen Element für Element gleich sein sollen.

Um den Energiesatz abzuleiten, brauchen wir die folgenden beiden Hilfsformeln: Sei $\boldsymbol{f}(\boldsymbol{p}\,\boldsymbol{q})$ irgendeine Matrizenfunktion von $\boldsymbol{p}$ und $\boldsymbol{q}$, so gilt:

$$\left.\begin{aligned} \boldsymbol{f}\boldsymbol{q} - \boldsymbol{q}\boldsymbol{f} &= \frac{h}{2\pi i}\frac{\partial \boldsymbol{f}}{\partial \boldsymbol{p}}, \\ \boldsymbol{p}\boldsymbol{f} - \boldsymbol{f}\boldsymbol{p} &= \frac{h}{2\pi i}\frac{\partial \boldsymbol{f}}{\partial \boldsymbol{q}}. \end{aligned}\right\} \tag{2}$$

Zum Beweise nehmen wir einmal an, sie seien für irgend zwei Funktionen $\boldsymbol{\varphi}$ und $\boldsymbol{\psi}$ richtig; dann sind sie auch richtig für $\boldsymbol{\varphi} + \boldsymbol{\psi}$ und $\boldsymbol{\varphi}\cdot\boldsymbol{\psi}$. Für $\boldsymbol{\varphi} + \boldsymbol{\psi}$ ist das trivial; für $\boldsymbol{\varphi}\cdot\boldsymbol{\psi}$ ergibt eine leichte Rechnung:

$$\begin{aligned} \boldsymbol{\varphi}\cdot\boldsymbol{\psi}\boldsymbol{q} - \boldsymbol{q}\boldsymbol{\varphi}\boldsymbol{\psi} &= \boldsymbol{\varphi}(\boldsymbol{\psi}\boldsymbol{q} - \boldsymbol{q}\boldsymbol{\psi}) + (\boldsymbol{\varphi}\boldsymbol{q} - \boldsymbol{q}\boldsymbol{\varphi})\boldsymbol{\psi} \\ &= \frac{h}{2\pi i}\left(\boldsymbol{\varphi}\frac{\partial \boldsymbol{\psi}}{\partial \boldsymbol{p}} + \frac{\partial \boldsymbol{\varphi}}{\partial \boldsymbol{p}}\boldsymbol{\psi}\right) = \frac{h}{2\pi i}\frac{\partial \boldsymbol{\varphi}\boldsymbol{\psi}}{\partial \boldsymbol{p}}, \end{aligned}$$

und analog für $\boldsymbol{p}\boldsymbol{\varphi}\boldsymbol{\psi} - \boldsymbol{\varphi}\boldsymbol{\psi}\boldsymbol{p}$. Nun gelten unsere Relationen für $\boldsymbol{f} = \boldsymbol{p}$ und $\boldsymbol{f} = \boldsymbol{q}$; also sind sie auch für jede Funktion gültig, da wir Funktionen durch wiederholte Anwendung der Elementaroperationen definiert haben.

Jetzt können wir wegen (14), 10. Vorlesung, und (2) die kanonischen Gleichungen schreiben:

$$\left.\begin{aligned} \boldsymbol{W}\boldsymbol{q} - \boldsymbol{q}\boldsymbol{W} &= \boldsymbol{H}\boldsymbol{q} - \boldsymbol{q}\boldsymbol{H}, \\ \boldsymbol{W}\boldsymbol{p} - \boldsymbol{p}\boldsymbol{W} &= \boldsymbol{H}\boldsymbol{p} - \boldsymbol{p}\boldsymbol{H} \end{aligned}\right\} \tag{3}$$

oder auch

$$(\boldsymbol{W}-\boldsymbol{H})\boldsymbol{q}-\boldsymbol{q}(\boldsymbol{W}-\boldsymbol{H})=0,$$
$$(\boldsymbol{W}-\boldsymbol{H})\boldsymbol{p}-\boldsymbol{p}(\boldsymbol{W}-\boldsymbol{H})=0.$$

Die Größe $\boldsymbol{W}-\boldsymbol{H}$ ist also mit $\boldsymbol{p}$ und $\boldsymbol{q}$, also auch mit jeder Funktion von $\boldsymbol{p}, \boldsymbol{q}$ vertauschbar, insbesondere mit $\boldsymbol{H}(\boldsymbol{p}\boldsymbol{q})$:

$$(\boldsymbol{W}-\boldsymbol{H})\boldsymbol{H}-\boldsymbol{H}(\boldsymbol{W}-\boldsymbol{H})=0,$$

oder

$$\boldsymbol{W}\boldsymbol{H}-\boldsymbol{H}\boldsymbol{W}=0.$$

Daraus folgt aber nach (14), 10. Vorlesung:

$$\dot{\boldsymbol{H}}=0. \tag{4}$$

Damit ist der *Energiesatz* bewiesen, $\boldsymbol{H}$ ist als Diagonalmatrix

$$H(nm)=\begin{cases} H_n & \text{für } n=m \\ 0 & \text{„} \quad n \neq m \end{cases} \tag{5}$$

erkannt.

Nun lautet die erste Gl. (3) für die Elemente:

$$q(nm)(W_n-W_m)=q(nm)(H_n-H_m),$$

also

$$H_n-H_m=W_n-W_m=h\nu(nm). \tag{6}$$

Damit ist auch die *Bohrsche Frequenzbedingung* als Folge unserer Grundannahmen bewiesen. Bei geeigneter Festlegung einer willkürlichen Konstanten können wir setzen:

$$H_n=W_n; \tag{7}$$

das Rydberg-Ritzsche Kombinationsprinzip ist dadurch zur Einstein-Bohrschen Frequenzbedingung verschärft.

Der ganze Beweis läßt sich nun auch umkehren. Wir wissen, daß Energiesatz und Frequenzbedingung richtig sind. Wenn also die Energiefunktion $\boldsymbol{H}$ als analytische Funktion irgendwelcher Variabeln $\boldsymbol{P}, \boldsymbol{Q}$ gegeben ist, so gelten immer dann, wenn

$$\boldsymbol{P}\boldsymbol{Q}-\boldsymbol{Q}\boldsymbol{P}=\frac{h}{2\pi i}$$

ist, die kanonischen Gleichungen

$$\dot{\boldsymbol{Q}}=\frac{\partial \boldsymbol{H}}{\partial \boldsymbol{P}}, \qquad \dot{\boldsymbol{P}}=-\frac{\partial \boldsymbol{H}}{\partial \boldsymbol{Q}}.$$

Denn wie gezeigt, können dann die Großen $\boldsymbol{H P} - \boldsymbol{P H}$ und $\boldsymbol{H Q} - \boldsymbol{Q H}$ in doppelter Weise interpretiert werden, einmal als partielle Ableitungen von $\boldsymbol{H}$ oder andrerseits, weil $\boldsymbol{H}$ konstant ist, als Ableitungen von $\boldsymbol{Q}$, $\boldsymbol{P}$ nach der Zeit.

Daher wird man unter einer *kanonischen Transformation* $\boldsymbol{p\,q} \rightarrow \boldsymbol{P\,Q}$ eine solche verstehen, bei welcher

$$\boldsymbol{p q} - \boldsymbol{q p} = \boldsymbol{P Q} - \boldsymbol{Q P} = \frac{h}{2\pi i} \tag{8}$$

ist; denn dann gelten sowohl über $\boldsymbol{p}$, $\boldsymbol{q}$ wie für $\boldsymbol{P}$, $\boldsymbol{Q}$ die kanonischen Gleichungen.

Eine allgemeine Transformation, die dieser Bedingung genügt, ist

$$\left.\begin{aligned} \boldsymbol{P} &= \boldsymbol{S p S}^{-1}, \\ \boldsymbol{Q} &= \boldsymbol{S q S}^{-1}, \end{aligned}\right\} \tag{9}$$

wo $\boldsymbol{S}$ eine beliebige Matrix bedeutet; vermutlich ist dies sogar die allgemeinste kanonische Transformation. Sie hat die einfache Eigenschaft, daß für irgendeine Funktion $f(\boldsymbol{P}, \boldsymbol{Q})$ gilt

$$f(\boldsymbol{P Q}) = \boldsymbol{S} f(\boldsymbol{p q}) \boldsymbol{S}^{-1}, \tag{10}$$

wobei $f(\boldsymbol{p q})$ aus $f(\boldsymbol{P}, \boldsymbol{Q})$ dadurch hervorgeht, daß $\boldsymbol{P}$ durch $\boldsymbol{p}$, $\boldsymbol{Q}$ durch $\boldsymbol{q}$ unter Beibehaltung der Funktionsform ersetzt wird.

Wir zeigen, daß, wenn diese Behauptung für zwei Funktionen φ, ψ richtig ist, sie auch für $\varphi + \psi$ und $\varphi \psi$ richtig bleibt.

Für $\varphi + \psi$ ist das trivial, für $\varphi \cdot \psi$ ergibt sich

$$\begin{aligned} \varphi(\boldsymbol{P Q}) \cdot \psi(\boldsymbol{P Q}) &= \boldsymbol{S} \varphi(\boldsymbol{p q}) \boldsymbol{S}^{-1} \boldsymbol{S} \cdot \psi(\boldsymbol{p q}) \boldsymbol{S}^{-1} \\ &= \boldsymbol{S} \varphi(\boldsymbol{p q}) \psi(\boldsymbol{p q}) \boldsymbol{S}^{-1}. \end{aligned}$$

Da die Behauptung für $f = \boldsymbol{p}$ oder $f = \boldsymbol{q}$ richtig ist, so ergibt sich ihre allgemeine Gültigkeit für alle analytischen Funktionen.

Die Wichtigkeit der kanonischen Transformation beruht auf folgendem Satze: Wenn irgendein Variabelnpaar $\boldsymbol{p}_0$, $\boldsymbol{q}_0$ gegeben ist, das die Bedingung

$$\boldsymbol{p}_0 \boldsymbol{q}_0 - \boldsymbol{q}_0 \boldsymbol{p}_0 = \frac{h}{2\pi i}$$

erfüllt, so kann man das Problem der Integration der kanonischen Gleichungen für eine Energiefunktion $\boldsymbol{H}(\boldsymbol{p q})$ reduzieren auf folgende Aufgabe: Es ist eine Funktion $\boldsymbol{S}$ so zu bestimmen, daß

$$\boldsymbol{H}(\boldsymbol{p}\,\boldsymbol{q}) = \boldsymbol{S}\,\boldsymbol{H}(\boldsymbol{p}_0\,\boldsymbol{q}_0)\,\boldsymbol{S}^{-1} = \boldsymbol{W} \tag{11}$$

eine Diagonalmatrix wird; dann lautet die Lösung der kanonischen Gleichungen

$$\boldsymbol{p} = \boldsymbol{S}\,\boldsymbol{p}_0\,\boldsymbol{S}^{-1}, \qquad \boldsymbol{q} = \boldsymbol{S}\,\boldsymbol{q}_0\,\boldsymbol{S}^{-1}.$$

Man hat damit ein vollständiges Analogon zur Hamilton-Jacobischen *Differentialgleichuug;* $\boldsymbol{S}$ entspricht der *Wirkungsfunktion.*

12. Vorlesung.

Beispiel des harmonischen Oszillators. Die Störungstheorie.

Es ist nun an der Zeit, daß wir diese abstrakten Überlegungen durch ein Beispiel erläutern. Wir wollen hierzu den harmonischen Oszillator betrachten, für welchen

$$\boldsymbol{H} = \frac{1}{2\mu}\boldsymbol{p}^2 + \frac{\varkappa}{2}\boldsymbol{q}^2. \tag{1}$$

Die kanonischen Gleichungen

$$\dot{\boldsymbol{q}} = \frac{\boldsymbol{p}}{\mu}, \qquad \dot{\boldsymbol{p}} = -\varkappa\,\boldsymbol{q} \tag{2}$$

liefern durch Elimination von $\boldsymbol{p}$ (mit der Abkürzung $\frac{\varkappa}{\mu} = (2\pi\nu_0)^2$):

$$\ddot{\boldsymbol{q}} + (2\pi\nu_0)^2\,\boldsymbol{q} = 0. \tag{3}$$

Das bedeutet ausführlich:

$$(\nu^2(n\,m) - \nu_0^2)\,q(n,m) = 0. \tag{4}$$

Dazu tritt die Vertauschungsrelation, die hier lautet:

$$\sum_k (\nu(n\,k) - \nu(k\,m))\,q(n\,k)\,q(k\,m) = \begin{cases} -\dfrac{h}{4\pi^2\mu}, & n = m, \\ 0, & n \neq m. \end{cases} \tag{5}$$

Aus der Bewegungsgleichung folgt, daß $q(n\,m)$ nur von Null verschieden sein kann, wenn

$$\nu(n\,m) = \frac{1}{h}(W_n - W_m) = \pm\,\nu_0 \tag{6}$$

ist. In einer Zeile m der Matrix gibt es also höchstens zwei nicht verschwindende Elemente, nämlich die, für die

$$W_n = W_m + h\nu_0 \quad \text{oder} \quad W_n = W_m - h\nu_0$$

ist.

Nun kommt es offenbar auf die Numerierung der Elemente in der Diagonale einer Matrix gar nicht an; wenn man Zeilen und Kolonnen der gleichen Permutation unterwirft, bleiben alle Matrizengleichungen erhalten. Wir können also $W_m = W_0$ irgendwie annehmen und $W_0 + h\nu_0$ und $W_0 - h\nu_0$ als „Nachbarwerte" von W_0 mit W_1 und W_{-1} bezeichnen; jeder von diesen hat wieder Nachbarwerte im Abstand $h\nu_0$ und so fort. Auf diese Weise gelangen wir zu einer arithmetischen Reihe von Energiestufen

$$W_n = W_0 \pm h\nu_0 n. \tag{7}$$

Die Diagonalelemente der Vertauschungsrelation (5) liefern nun

$$\begin{aligned}\frac{h}{8\pi^2\mu} &= -\sum_k \nu(nk)\,|q(nk)|^2 \\ &= \nu_0(|q(n, n+1|^2 - |q(n, n-1|^2).\end{aligned} \tag{8}$$

Daraus folgt, daß auch die $|q(n, n+1)|^2$ eine arithmetische Reihe mit der Differenz $\frac{h}{8\pi^2\mu\nu_0}$ bilden; da diese Größen alle positiv sind, muß diese Reihe abbrechen.

Daher haben wir:

$$|q(1,0)|^2 = \frac{h}{8\pi^2\mu\nu_0},$$

$$|q(n+1,n)|^2 = |q(n,n-1)|^2 + \frac{h}{8\pi^2\mu\nu_0}, \qquad n = 1, 2, 3, \ldots,$$

also

$$|q(n+1,n)|^2 = (n+1)\frac{h}{8\pi^2\mu\nu_0}. \tag{9}$$

Man sieht sofort, daß die übrigen Elemente der Matrix $\boldsymbol{pq} - \boldsymbol{qp}$ wirklich Null sind. Ferner verifiziert man den Energiesatz:

$$H(n,m) = 2\pi^2\mu\sum_k(\nu_0^2 - \nu(nk)\,\nu(km))\,q(nk)\,q(km) \tag{10}$$

wird Null für $n \neq m$, und man hat

$$\begin{aligned}H(nn) &= 4\pi^2\mu\nu_0^2(|q(n+1,n)|^2 + |q(n,n-1)|^2) \\ &= h\nu_0\cdot\tfrac{1}{2}(2n+1) = h\nu_0(n+\tfrac{1}{2}).\end{aligned} \tag{11}$$

Die oben eingeführte Größe W_0 hat also den Wert $\frac{1}{2} h \nu_0$. Die „Nullpunktsenergie", die bereits von PLANCK und NERNST bei statistischen Problemen der Quantentheorie betrachtet worden ist, ergibt sich also hier ganz von selbst.

Die Formel für die komplexen Amplituden

$$q(n+1, n) e^{2\pi i \nu_0 t} = \sqrt{\frac{h}{8\pi^2 \mu \nu_0}(n+1)}\, e^{i(2\pi\nu_0 t + \varphi_n)} \tag{12}$$

enthält willkürliche Phasen φ_n, die für das statistische Verhalten des Resonators von großer Bedeutung sind. Übrigens geht die Formel für große n in die klassische

$$q(t) = \sqrt{\frac{J}{8\pi^2 \mu \nu_0}}\, e^{i(2\pi\nu_0 t + \varphi)}, \qquad J = h n \tag{13}$$

über.

Diese Theorie des harmonischen Oszillators kann als Ausgangspunkt dienen für die Behandlung allgemeiner Systeme, indem man diese durch Variation eines Parameters aus dem harmonischen Oszillator entstanden denkt. Das dabei gebrauchte Verfahren kann in enger Analogie zur klassischen *Störungstheorie* entwickelt werden.

Wir denken uns die Energiefunktion gegeben als Potenzreihe nach dem Parameter λ:

$$\boldsymbol{H} = \boldsymbol{H}_0(\boldsymbol{p}\,\boldsymbol{q}) + \lambda \boldsymbol{H}_1(\boldsymbol{p}\,\boldsymbol{q}) + \lambda^2 \boldsymbol{H}_2(\boldsymbol{p}\,\boldsymbol{q}) + \cdots. \tag{14}$$

Das durch $\boldsymbol{H}_0(\boldsymbol{p}\,\boldsymbol{q})$ definierte mechanische Problem sei gelöst; wir kennen die Lösung $\boldsymbol{p}_0\,\boldsymbol{q}_0$, die der Bedingung

$$\boldsymbol{p}_0 \boldsymbol{q}_0 - \boldsymbol{q}_0 \boldsymbol{p}_0 = \frac{h}{2\pi i}$$

genügt und $\boldsymbol{H}_0(\boldsymbol{p}_0\,\boldsymbol{q}_0)$ zu einer Diagonalmatrix $\boldsymbol{W}^0$ macht.

Dann suchen wir eine Transformation $\boldsymbol{S}$ so zu bestimmen, daß durch

$$\boldsymbol{p} = \boldsymbol{S}\boldsymbol{p}_0 \boldsymbol{S}^{-1}, \qquad \boldsymbol{q} = \boldsymbol{S}\boldsymbol{q}_0 \boldsymbol{S}^{-1} \tag{15}$$

$\boldsymbol{H}(\boldsymbol{p}\,\boldsymbol{q})$ in eine Diagonalmatrix $\boldsymbol{W}$ übergeführt wird, d. h. daß $\boldsymbol{S}$ der HAMILTON-JACOBIschen Gleichung

$$\boldsymbol{H}(\boldsymbol{p}\,\boldsymbol{q}) = \boldsymbol{S}\boldsymbol{H}(\boldsymbol{p}_0\,\boldsymbol{q}_0)\boldsymbol{S}^{-1} = \boldsymbol{W} \tag{16}$$

genügt. Wir machen zur Lösung den Ansatz:

$$\left.\begin{aligned} \boldsymbol{W} &= \boldsymbol{W}^0 + \lambda \boldsymbol{W}^{(1)} + \lambda^2 \boldsymbol{W}^{(2)} + \cdots, \\ \boldsymbol{S} &= 1 + \lambda \boldsymbol{S}_1 + \lambda^2 \boldsymbol{S}_2 + \cdots; \end{aligned}\right\} \tag{17}$$

dann wird

$$\boldsymbol{S}^{-1} = 1 - \lambda \boldsymbol{S}_1 + \lambda^2 (\boldsymbol{S}_1^2 - \boldsymbol{S}_2) - + \cdots.$$

Dies setzen wir in unsere Gleichung ein:

$$\begin{aligned}(1 + \lambda \boldsymbol{S}_1 + \lambda^2 \boldsymbol{S}_2 + \cdots)(\boldsymbol{H}_0(\boldsymbol{p}_0 \boldsymbol{q}_0) + \lambda \boldsymbol{H}_1(\boldsymbol{p}_0 \boldsymbol{q}_0) \\ + \lambda^2 \boldsymbol{H}_2(\boldsymbol{p}_0 \boldsymbol{q}_0) + \cdots)(1 - \lambda \boldsymbol{S}_1 + \lambda^2 (\boldsymbol{S}_1^2 - \boldsymbol{S}_2) + \cdots) \\ = \boldsymbol{W}^0 + \lambda \boldsymbol{W}^{(1)} + \lambda^2 \boldsymbol{W}^{(2)} + \cdots\end{aligned}$$

und setzen die Koeffizienten der einzelnen Potenzen von λ gleich Null; dann erhalten wir folgende Näherungsgleichungen:

$$\left.\begin{aligned} \boldsymbol{H}_0(\boldsymbol{p}_0 \boldsymbol{q}_0) = \boldsymbol{W}^0, \\ \boldsymbol{S}_1 \boldsymbol{H}_0 - \boldsymbol{H}_0 \boldsymbol{S}_1 + \boldsymbol{H}_1 = \boldsymbol{W}^{(1)}, \\ \boldsymbol{S}_2 \boldsymbol{H}_0 - \boldsymbol{H}_0 \boldsymbol{S}_2 + \boldsymbol{H}_0 \boldsymbol{S}_1^2 - \boldsymbol{S}_1 \boldsymbol{H}_0 \boldsymbol{S}_1 + \boldsymbol{S}_1 \boldsymbol{H}_1 - \boldsymbol{H}_1 \boldsymbol{S}_1 \\ + \boldsymbol{H}_2 = \boldsymbol{W}^{(2)}, \\ \cdots\cdots\cdots\cdots\cdots\cdots\cdots\cdots \\ \boldsymbol{S}_r \boldsymbol{H}_0 - \boldsymbol{H}_0 \boldsymbol{S}_r + \boldsymbol{F}_r(\boldsymbol{H}_0, \ldots, \boldsymbol{H}_r; \boldsymbol{S}_0, \ldots, \boldsymbol{S}_{r-1}) = \boldsymbol{W}^{(r)}, \end{aligned}\right\} \quad (18)$$

wobei $\boldsymbol{H}_0$, $\boldsymbol{H}_1$, ... stets mit den Argumenten $\boldsymbol{p}_0$, $\boldsymbol{q}_0$ zu nehmen sind.

Die erste Gleichung ist erfüllt; die übrigen lassen sich der Reihe nach auflösen, und zwar in ganz analoger Weise, wie in der klassischen Theorie: Man bildet erst den Mittelwert zur Festlegung der Energiekonstante; da

$$\boldsymbol{S}_r \boldsymbol{H}_0 - \boldsymbol{H}_0 \boldsymbol{S}_r = -(\boldsymbol{W}^0 \boldsymbol{S}_r - \boldsymbol{S}_r \boldsymbol{W}^0)$$

keine Diagonalelemente hat, so folgt allgemein

$$\boldsymbol{W}^{(r)} = \overline{\boldsymbol{F}}_r, \quad \text{d. h.} \quad W_n^{(r)} = F_r(n\,n).$$

Sodann hat man

$$W_n^0 S_r(m\,n) - W_m^0 S_r(m\,n) + F_r(m\,n) = 0, \qquad m \neq n$$

oder

$$S_r(m\,n) = \frac{F_r(m\,n)}{h\,\nu_0(m\,n)}(1 - \delta_{m\,n}), \tag{19}$$

wo $\nu_0(m\,n)$ die Frequenzen der ungestörten Bewegung sind. Diese Lösung genügt der Bedingung

$$\boldsymbol{S}\tilde{\boldsymbol{S}}^* = 1, \tag{20}$$

wo das Zeichen $\sim$ Vertauschung von Zeilen und Kolonnen

(Transposition) bedeutet und $*$ den Übergang zur konjugiert komplexen Größe. Da $\boldsymbol{S}$ nur durch sukzessive Berechnung der Näherungen $\boldsymbol{S}_1$, $\boldsymbol{S}_2, \ldots$ erhalten wird, kann man diese Relation auch nur Schritt für Schritt bestätigen; wir begnügen uns mit der ersten Näherung. Wenn

$$\boldsymbol{S}\tilde{\boldsymbol{S}}^* = (1 + \lambda \boldsymbol{S}_1 + \cdots)(1 + \lambda \tilde{\boldsymbol{S}}_1^* + \cdots) = 1$$

sein soll, so hat man

$$\boldsymbol{S}_1 + \tilde{\boldsymbol{S}}_1^* = 0;$$

nun gibt unsere allgemeine Formel (19)

$$S_1(mn) = \frac{H_1(mn)}{h\nu_0(mn)}(1 - \delta_{mn}),$$

also

$$\tilde{S}_1^*(mn) = S_1^*(nm) = \frac{H_1^*(nm)}{h\nu_0(nm)}(1 - \delta_{nm}), \tag{21}$$

und da H_1 eine hermitesche Matrix ist: $H_1^*(nm) = H_1(mn)$, so folgt

$$\tilde{S}_1^*(mn) = \frac{H_1(mn)}{-h\nu_0(mn)}(1 - \delta_{mn}) = -S_1(mn).$$

Die Bedeutung der Relation $\boldsymbol{S}\tilde{\boldsymbol{S}}^* = 1$ beruht darauf, daß aus ihr der hermitesche Charakter der Matrizen $\boldsymbol{p}$, $\boldsymbol{q}$ folgt.

Es gilt nämlich die Rechenregel

$$(\widetilde{\boldsymbol{a}\boldsymbol{b}}) = \tilde{\boldsymbol{b}}\tilde{\boldsymbol{a}}, \tag{22}$$

wie aus der Definition des Produkts abzulesen:

$$\sum_k a(nk)\,b(km) = \sum_k \tilde{b}(mk)\,\tilde{a}(kn).$$

Daher hat man

$$\boldsymbol{q}^* = \boldsymbol{S}^*\boldsymbol{q}_0^*\boldsymbol{S}^{*-1} = \tilde{\boldsymbol{S}}^{-1}\tilde{\boldsymbol{q}}_0\tilde{\boldsymbol{S}} = \tilde{\boldsymbol{q}}, \tag{23}$$

und analog für $\boldsymbol{p}$.

Setzt man

$$\boldsymbol{q} = \boldsymbol{q}_0 + \lambda\boldsymbol{q}_1 + \cdots = (1 + \lambda\boldsymbol{S}_1 + \cdots)\boldsymbol{q}_0(1 - \lambda\boldsymbol{S}_1 + \cdots),$$
$$\boldsymbol{p} = \boldsymbol{p}_0 + \lambda\boldsymbol{p}_1 + \cdots = (1 + \lambda\boldsymbol{S}_1 + \cdots)\boldsymbol{p}_0(1 - \lambda\boldsymbol{S}_1 + \cdots),$$

so hat man in erster Näherung

$$\boldsymbol{q}_1 = \boldsymbol{S}_1\boldsymbol{q}_0 - \boldsymbol{q}_0\boldsymbol{S}_1,$$
$$\boldsymbol{p}_1 = \boldsymbol{S}_1\boldsymbol{p}_0 - \boldsymbol{p}_0\boldsymbol{S}_1$$

oder ausführlich:

$$\left.\begin{aligned} q_1(mn) &= \frac{1}{h}\sum_k{}' \left(\frac{H_1(mk)\,q_0(kn)}{\nu_0(mk)} - \frac{q_0(mk)\,H_1(kn)}{\nu_0(kn)}\right), \\ p_1(mn) &= \frac{1}{h}\sum_k{}' \left(\frac{H_1(mk)\,p_0(kn)}{\nu_0(mk)} - \frac{p_0(mk)\,H_1(kn)}{\nu_0(kn)}\right). \end{aligned}\right\} \quad (24)$$

Für die Energie bekommt man in zweiter Näherung die Korrektion:

$$\boldsymbol{W}^{(2)} = \overline{\boldsymbol{H}_0\boldsymbol{S}_1^2} - \overline{\boldsymbol{S}_1\boldsymbol{H}_0\boldsymbol{S}_1} + \overline{\boldsymbol{S}_1\boldsymbol{H}_1} - \overline{\boldsymbol{H}_1\boldsymbol{S}_1} + \overline{\boldsymbol{H}_2}$$

oder

$$W_n^{(2)} = \sum_k{}' \{W_n^0 S_1(nk)\,S_1(kn) - S_1(nk)\,S_1(kn)\,W_k^0$$
$$+ S_1(nk)\,H_1(kn) - H_1(nk)\,S_1(kn)\} + H_2(nn),$$

$$W_n^{(2)} = H_2(nn) + \frac{1}{h}\sum_k{}' \frac{H_1(nk)\,H_1(kn)}{\nu_0(nk)}. \qquad (25)$$

13. Vorlesung.

Die Bedeutung der äußeren Kräfte in der Quantentheorie und die entsprechenden Störungsformeln. Ihre Anwendung auf die Theorie der Dispersion.

Ehe wir die Bedeutung dieser Formeln diskutieren, wollen wir noch eine Verallgemeinerung in Betracht ziehen, nämlich den Fall, daß die HAMILTONsche Funktion die Zeit t explizite enthält. Formal kann man diesen leicht berücksichtigen: Man wähle in H statt t das Argument $\cos 2\pi\nu t$ und ersetze dieses dann durch eine neue Koordinate q', zu der der Impuls p' gehört. Sodann betrachte man die HAMILTONsche Funktion

$$\boldsymbol{H}' = \boldsymbol{H}(\boldsymbol{p}, \boldsymbol{q}, \boldsymbol{p}') + 2\pi\nu\sqrt{1 - \boldsymbol{q}'^2}\cdot\boldsymbol{p}', \qquad (1)$$

in der die Zeit nicht mehr explizite vorkommt. Die kanonischen Gleichungen für $\boldsymbol{p}, \boldsymbol{q}$ bleiben unverändert, nur steht für $\cos 2\pi\nu t$ stets $\boldsymbol{q}'$. Dazu kommen die neuen Gleichungen für $\boldsymbol{q}', \boldsymbol{p}'$:

$$\left.\begin{aligned} \dot{\boldsymbol{q}}' &= \frac{\partial \boldsymbol{H}'}{\partial \boldsymbol{p}'} = 2\pi\nu\sqrt{1 - \boldsymbol{q}'^2}, \\ \dot{\boldsymbol{p}}' &= \frac{\partial \boldsymbol{H}'}{\partial \boldsymbol{q}'} = -\frac{\partial \boldsymbol{H}}{\partial \boldsymbol{q}'} + 2\pi\nu\frac{\boldsymbol{q}'}{\sqrt{1 - \boldsymbol{q}'^2}}\boldsymbol{p}'. \end{aligned}\right\} \quad (2)$$

Die erste besagt, daß wirklich $q' = \cos 2\pi\nu t$ ist, die zweite gibt eine Bestimmung für p'. Damit ist der Fall des expliziten Auftretens der Zeit auf den früher behandelten zurückgeführt.

Bei genauerer Betrachtung stößt man aber hier auf eine wesentliche Schwierigkeit. Die Einführung einer von t explizite abhängigen Funktion $\boldsymbol{H}$ hat nämlich physikalisch offenbar den Sinn, daß die Rückwirkung des betrachteten Systems A auf andere Systeme B, die es beeinflussen, so gering ist, daß man sie vernachlässigen und die von diesen äußeren Systemen B abhängigen Größen als dieselben Funktionen der Zeit ansehen darf, wie sie ohne Vorhandensein von A wären.

In der klassischen Theorie, wo die Wechselwirkung zweier Systeme nur von ihrer augenblicklichen Bewegung abhängt, genügt dafür die Annahme, daß die Koppelungsenergie klein ist. In der Quantentheorie aber ist es nicht ohne weiteres so. Denn hier hängt die Wechselwirkung, wie auch unsere Störungsformeln zeigen, nicht bloß von dem augenblicklichen Zustande der Systeme, sondern von allen ihren Zuständen zugleich ab, da ja die dabei auftretenden Produktbildungen Summen über alle Zustände enthalten. Man darf also nur dann die Störung des Systems A durch eine bestimmte, als Zeitfunktion gegebene Bewegung der äußeren Systeme B betrachten, solange man sich auf Näherungen beschränkt, bei denen die Größen von B, also die Störungsfunktion H_1, nur linear auftreten. Die höheren Näherungen haben hier auch unter der Annahme schwacher Koppelung keinen Sinn; macht man aber außerdem noch die Annahme, daß das betrachtete System A überhaupt energetisch unbedeutend ist gegenüber den äußeren Systemen B, so läßt sich auch in der Quantentheorie das Aufsteigen zu höheren Näherungen rechtfertigen.

Hier begnügen wir uns mit der ersten Näherung $\boldsymbol{q}_1$, $\boldsymbol{p}_1$. Wir betrachten den speziellen Fall, daß das durch $\boldsymbol{H}_0$ definierte System einem elektrischen Felde $\mathfrak{E}$ unterworfen wird; dann ist die Störungsfunktion in erster Näherung:

$$\boldsymbol{H}_1 = e\,\boldsymbol{q}_0\,E. \tag{3}$$

Nach dem oben Gesagten kann man dabei auch E als Funktion der Zeit ansehen; handelt es sich insbesondere um eine monochromatische Lichtwelle der Frequenz ν, so ist $E = E_0 \cos 2\pi\nu t$, also

$$\boldsymbol{H}_1 = e E_0 \boldsymbol{q}_0 \cos 2\pi\nu t = \tfrac{1}{2} e E_0 \boldsymbol{q}_0 \left(e^{2\pi i\nu t} + e^{-2\pi i\nu t}\right).$$

Dann erhält man für die Störung der Koordinate:

$$q_1(mn) = \frac{E_0 e}{2h} \sum_k \left(\frac{q_0(mk)\, q_0(kn)}{\nu_0(mk) + \nu} - \frac{q_0(mk)\, q_0(kn)}{\nu_0(kn) + \nu}\right)$$

oder mit $\boldsymbol{p}_1 = \mu \dot{\boldsymbol{q}}_1$:

$$q_1(mn) = \frac{E_0 e}{2h \cdot 2\pi i \mu} \sum_k \frac{q_0(mk)\, p_0(kn) - p_0(mk)\, q_0(kn)}{(\nu_0(mk) + \nu)(\nu_0(kn) + \nu)}. \quad (4)$$

Für die Diagonalglieder wird speziell:

$$q_1(nn) = -\frac{E_0 e}{2h \cdot 2\pi i \mu} \sum_k \frac{q_0(nk)\, p_0(kn) - p_0(nk)\, q_0(kn)}{\nu_0^2(nk) - \nu^2}. \quad (5)$$

Durch Multiplikation von $\boldsymbol{q}_1$ mit der Ladung e erhält man die durch das elektrische Feld E erzeugte Polarisation, und daraus in bekannter Weise den Brechungsindex.

Diese Formel für $q_1(nn)$ enthält die KRAMERSsche *Dispersionstheorie*; sie wurde von KRAMERS durch eine Korrespondenzbetrachtung gewonnen. Um ihre Bedeutung zu verstehen, erinnern wir uns an das Verhältnis der Dispersionstheorie zu der Quantentheorie der mehrfach periodischen Systeme. Wenn eine Lichtwelle ein solches trifft, so geraten die Elektronenbahnen in Mitschwingungen; die Resonanzstellen dieser erzwungenen Schwingungen liegen offenbar da, wo die Fourierzerlegung der Bahnen harmonische Obertöne liefert. So hat DEBYE versucht, die Dispersion des Wasserstoffmoleküls mit Hilfe eines einfachen Modells (s. Abb. 15) zu berechnen, und SOMMERFELD hat dies Verfahren auf allgemeinere Moleküle mit ringförmig angeordneten Elektronen ausgedehnt. Daß sie dabei zu einer nicht schlechten Übereinstimmung mit den Beobachtungen des Brechungsindex gelangten, lag nur daran, daß der Bereich der Messungen sehr weit von den charakteristischen Resonanzstellen entfernt liegt. Daß die Formeln nicht richtig sein konnten, ging schon daraus hervor, daß einige Resonanzstellen

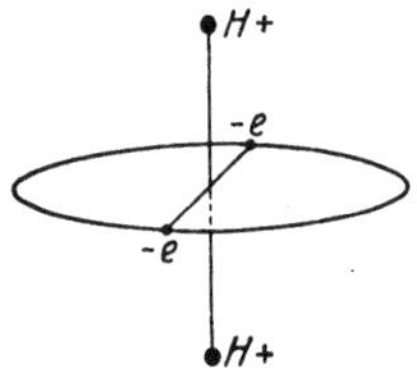

Abb. 15.

mit imaginärer Eigenfrequenz ν_0 (negativem ν_0^2) auftraten, was immer ein Zeichen von Instabilität der Bewegung ist, noch mehr aber daraus, daß die Resonanzstellen nichts zu tun hatten mit den Frequenzen, die das System nach der Quantentheorie emittieren würde. Es ist doch ganz klar, daß die wirklich emittierten Frequenzen maßgebend sein müssen für den Verlauf der Resonanz- oder Dispersionskurve, nicht die Oberschwingungen der stationären Bewegung, die sich optisch gar nicht bemerkbar machen.

Den ersten Vorschlag einer rationellen Abänderung der Dispersionstheorie in diesem Sinne hat LADENBURG gemacht; seine Dispersionsformel besteht im wesentlichen aus den Gliedern in obigem Ausdruck (5) für $q_1(n, n)$, bei denen $n < k$ ist, die also Sprüngen „nach oben", also Absorptionsprozessen, entsprechen. LADENBURG entdeckte auch einen Zusammenhang zwischen dem Zähler der Dispersionsformel $|q(nk)|^2 \nu_0(kn)$ und der Übergangswahrscheinlichkeit zwischen den Zuständen n, k, die in der EINSTEINschen Ableitung der PLANCKschen Formel vorkommt.

KRAMERS hat dann die vollständige Formel für $q_1(nn)$ aufgestellt, in der auch die Emissionsglieder $(n < k)$ berücksichtigt werden; da $\nu_0(kn) = -\nu_0(nk)$ ist, so geben diese „negative" Beiträge zur Dispersion. Die KRAMERSsche Formel hat den großen Vorzug im Grenzfall in die klassische Formel für die Beeinflussung eines mehrfach periodischen Systems durch ein Wechselfeld überzugehen, also dem Korrespondenzprinzip zu genügen.

Der Fall eines konstanten elektrischen Feldes (Stark-Effekt), wie ihn unsere ursprünglichen Formeln darstellen, ist von PAULI benutzt worden zur Abschätzung der Intensität von Spektrallinien des Quecksilberatoms, die im natürlichen Zustande des Atoms nicht auftreten (für die $q_0(nm) = 0$ ist) und erst durch das Feld erregt werden $(q_1(nm) \neq 0)$.

Durch KRAMERS Überlegungen veranlaßt, habe ich mir bald darauf überlegt, daß die Störungsenergie ganz allgemein nicht von den klassischen Frequenzen des ungestörten Systems abhängen darf, sondern von den quantentheoretischen Frequenzen; so bin ich durch eine Korrespondenzbetrachtung zu dem Ausdruck (25), Vorlesung 13, der Störungsenergie $W^{(2)}$ gekommen.

Neuerdings ist es SCHRÖDINGER gelungen, durch eingehende Diskussion von Spektren nachzuweisen, daß tatsächlich die Wechselwirkung eines Leuchtelektrons und eines Atomrests bedingt ist nicht durch dessen klassische „Umlaufsfrequenzen", sondern durch seine quantenhaften „Sprungfrequenzen", wie sie im Funkenspektrum direkt beobachtbar sind.

Ferner haben HEISENBERG und KRAMERS auch die Ausdrücke $q_1(nm)$ für eine Lichtwelle durch Korrespondenzüberlegungen gefunden und diskutiert. Sie entsprechen der Erscheinung, daß Licht der Frequenz ν nicht nur Streulicht der gleichen Frequenz (wie in der klassischen Theorie) erzeugt, sondern auch Streulicht anderer Farbe, nämlich der Kombinationsfrequenzen $\nu \pm \nu_0(nk)$. Diese Erscheinung war schon vorher von SMEKAL aus Betrachtungen über Lichtquanten postuliert worden.

Zuletzt betrachten wir den Grenzfall sehr hoher Frequenzen des einfallenden Lichts:

$$\nu \gg |\nu_0(mk)|, \quad \nu \gg |\nu_0(kn)|.$$

Dann erhält man:

$$\boldsymbol{q}_1 = -\frac{E_0 e}{2h \cdot 2\pi i \nu^2 \mu}(\boldsymbol{p}_0 \boldsymbol{q}_0 - \boldsymbol{q}_0 \boldsymbol{p}_0),$$

und das ist wegen

$$\boldsymbol{p}_0 \boldsymbol{q}_0 - \boldsymbol{q}_0 \boldsymbol{p}_0 = \frac{h}{2\pi i}$$

gleich

$$\boldsymbol{q}_1 = \frac{E_0 e}{8\pi^2 \nu^2 \mu}. \tag{6}$$

Vergleichen wir das mit der Erregung eines freien Elektrons durch dasselbe elektrische Feld $E_0 \cos 2\pi\nu t$; dabei haben wir auch hier nur den Anteil $\frac{1}{2} E_0 e^{2\pi i \nu t}$ zu nehmen, der einem Element der Matrix entspricht. Wir haben die Differentialgleichung

$$\mu \ddot{q}_1 = \frac{1}{2} e E_0 e^{2\pi i \nu t}$$

mit der Lösung

$$q_1 = \frac{E_0 e}{8\pi^2 \nu^2 \mu}.$$

Unsere quantentheoretische Vertauschungsregel kann also gedeutet werden als die Bedingung dafür, daß das Elektron bei hinreichend hohen Frequenzen sich wie ein freies Elektron der klassischen Theorie verhält (das Streulicht der Frequenz ν hat die richtige Intensität, das Streulicht der Kombinationsfrequenzen verschwindet). Von dieser Bedingung aus war eine mit der Vertauschungsregel äquivalente Formel bereits früher, wie schon gesagt, von KUHN und THOMAS gefunden und von THOMAS und REICHE auf Dispersionsprobleme angewandt worden.

14. Vorlesung.

Systeme von mehreren Freiheitsgraden. Die Vertauschungsregeln. Das Analogon zur HAMILTON-JACOBIschen Theorie. Entartete Systeme.

Wir gehen nun zur Behandlung von Systemen von mehreren (f) Freiheitsgraden über. Es liegt nahe, diese durch $2f$-dimensionale Matrizen darzustellen:

$$\left\{\begin{array}{l} \boldsymbol{q}_k = (q_k(n_1 n_2, \ldots, n_f;\ m_1 m_2, \ldots, m_f)) \\ \boldsymbol{p}_k = (p_k(n_1 n_2, \ldots, n_f;\ m_1 m_2, \ldots, m_f)) \end{array}\right. . \tag{1}$$

Diese Darstellung ist unter Umständen sehr bequem und übersichtlich, aber durchaus nicht notwendig. Wir können die Matrizen immer zweidimensional geschrieben denken; denn wie sich schon bei einem Freiheitsgrad zeigte, ist die in der Zeilenordnung zum Ausdruck kommende Reihenfolge der stationären Zustände (im Gegensatz zur älteren Theorie) ganz belanglos. Man kann daher immer eine $2f$-dimensionale Matrix in eine 2-dimensionale verwandeln; z. B. die 4-dimensionale $(q(n_1 n_2;\ m_1 m_2))$ so schreiben:

$$\boldsymbol{q} = \left\{\begin{array}{llll} q(1,1;1,1) & q(1,1;1,2), \ldots, & q(1,1;2,1) & q(1,1;2,2), \ldots \\ q(1,2;1,1) & q(1,2;1,2), \ldots, & q(1,2;2,1) & q(1,2;2,2), \ldots \\ \cdots & \cdots & \cdots & \cdots \\ q(2,1;1,1) & q(2,1;1,2), \ldots, & q(2,1;2,1) & q(2,1;2,2), \ldots \\ q(2,2;1,1) & q(2,2;1,2), \ldots, & q(2,2;2,1) & q(2,2;2,2), \ldots \\ \cdots & \cdots & \cdots & \cdots \\ \cdots & \cdots & \cdots & \cdots \end{array}\right\}$$

Die Definitionen der Addition und Multiplikation sind von Ordnungsbeziehungen zwischen den Indices ganz unabhängig. Die Regeln der Matrizenrechnung sind also ebenso wie früher anwendbar; man kann daher die HAMILTONsche Funktion

$$\boldsymbol{H}(\boldsymbol{q}_1, \ldots, \boldsymbol{q}_f, \boldsymbol{p}_1, \ldots, \boldsymbol{p}_f)$$

definieren und hat die Bewegungsgleichungen

$$\dot{q}_k = \frac{\partial H}{\partial p_k}, \qquad \dot{p}_k = -\frac{\partial H}{\partial q_k}. \tag{2}$$

Wesentlich sind die quantentheoretischen Vertauschungsregeln. Wir machen folgende naheliegende Verallgemeinerung:

$$\left.\begin{aligned} p_k q_l - q_l p_k &= \frac{h}{2\pi i}\delta_{kl}, \\ p_k p_l - p_l p_k &= 0, \\ q_k q_l - q_l q_k &= 0. \end{aligned}\right\} \tag{3}$$

Hieraus folgt wie früher für irgendeine Funktion $f(q_1, \ldots, q_f; p_1, \ldots, p_f)$:

$$\left.\begin{aligned} p_k f - f p_k &= \frac{h}{2\pi i}\frac{\partial f}{\partial q_k}, \\ f q_k - q_k f &= \frac{h}{2\pi i}\frac{\partial f}{\partial p_k}. \end{aligned}\right\} \tag{4}$$

Daher bleibt der Beweis des Energiesatzes und der Frequenzbedingung derselbe wie früher, ebenso der Begriff der kanonischen Transformation

$$p_k = S p_k^0 S^{-1}, \qquad q_k = S q_k^0 S^{-1}, \tag{5}$$

und die Hamilton-Jacobische Gleichung

$$H(p\,q) = S\,H(p^0 q^0)\,S^{-1} = W. \tag{6}$$

Die große Zahl der Vertauschungsregeln läßt die Frage entstehen, ob die p_k, q_k denn überhaupt im Einklang mit allen Forderungen bestimmt werden können. Man kann leicht sehen, daß alle die Bedingungsgleichungen keineswegs unabhängig sind; z. B. folgt aus den kanonischen Bewegungsgleichungen allein

$$\frac{d}{dt}\sum_k (p_k q_k - q_k p_k) = 0.$$

Der allgemeine Beweis der Erfüllbarkeit der Bedingungen läßt sich mit Hilfe der Störungstheorie führen, indem man von einem ungestörten System mit der Energiefunktion

$$H_0(p\,q) = \sum_{k=1}^{f} H^{(k)}(p_k q_k)$$

ausgeht, das also aus f ungekoppelten Systemen besteht. Die Bewegungen dieser seien dargestellt durch die zweidimensionalen Matrizen $\boldsymbol{q}_k^0, \boldsymbol{p}_k^0$. Wenn wir diese f ungekoppelten Systeme formal als ein einziges System von f Freiheitsgraden auffassen, so sind die $\boldsymbol{q}_k^0, \boldsymbol{p}_k^0$ als $2f$-dimensionale Matrizen darzustellen, für welche gilt:

$$q_k^0(n_1, \ldots, n_f;\ m_1, \ldots, m_f) = \delta_k\, q_k^0(n_k m_k)$$
$$p_k^0(n_1, \ldots, n_f;\ m_1, \ldots, m_f) = \delta_k\, p_k^0(n_k m_k),$$

wo

$$\delta_k = 1, \quad \text{wenn } n_j = m_j \text{ für alle } j \text{ außer } j = k,$$
$$\delta_k = 0, \quad \text{wenn für irgendein } j\,(\neq k)\ n_j \neq m_j \text{ ist.}$$

Daraus folgen erstens die Beziehungen

$$\left.\begin{aligned} \boldsymbol{p}_k^0 \boldsymbol{q}_l^0 - \boldsymbol{q}_l^0 \boldsymbol{p}_k^0 &= 0 \qquad \text{für } l \neq k \\ \boldsymbol{p}_k^0 \boldsymbol{p}_l^0 - \boldsymbol{p}_l^0 \boldsymbol{p}_k^0 &= 0 \\ \boldsymbol{q}_k^0 \boldsymbol{q}_l^0 - \boldsymbol{q}_l^0 \boldsymbol{q}_k^0 &= 0, \end{aligned}\right\} \tag{7}$$

zweitens bleiben die ursprünglich für die zweidimensionalen Matrizen vorausgesetzten Relationen

$$\boldsymbol{p}_k^0 \boldsymbol{q}_k^0 - \boldsymbol{q}_k^0 \boldsymbol{p}_k^0 = \frac{h}{2\pi i} \tag{8}$$

auch für die $2f$-dimensionalen richtig.

Ist nun die HAMILTONsche Funktion des gekoppelten Systems

$$\boldsymbol{H} = \boldsymbol{H}_0 + \lambda \boldsymbol{H}_1 + \lambda^2 \boldsymbol{H}_2 + \cdots, \tag{9}$$

so haben wir soeben gezeigt, daß eine Lösung des ungestörten Systems existiert, die alle Vertauschungsrelationen erfüllt. Setzen wir weiter voraus, daß das System H_0 nicht entartet gewählt werden kann, d. h. daß in der Diagonalmatrix W^0, die aus H_0 durch Einsetzen von $\boldsymbol{q}_k^0$, $\boldsymbol{p}_k^0$ entsteht, keine zwei Diagonalelemente gleich sind, dann können wir nach dem früher erörterten Näherungsverfahren die Bewegung des gestörten Systems durch den Ansatz

$$\boldsymbol{q}_k = \boldsymbol{S} \boldsymbol{q}_k^0 \boldsymbol{S}^{-1}, \qquad \boldsymbol{p}_k = \boldsymbol{S} \boldsymbol{p}_k^0 \boldsymbol{S}^{-1}$$
$$\boldsymbol{S} = 1 + \lambda \boldsymbol{S}_1 + \lambda^2 \boldsymbol{S}_2 + \cdots$$

suchen, in dem wir $\boldsymbol{S}$ aus der Gleichung

$$\boldsymbol{S} \boldsymbol{H}(\boldsymbol{p}^0, \boldsymbol{q}^0) \boldsymbol{S}^{-1} = \boldsymbol{W}$$

bestimmen. Dann sind die Vertauschungsrelationen und die Bewegungsgleichungen von selbst befriedigt, und damit ist der gewünschte Beweis geführt.

Die Vertauschungsrelationen sind auch invariant gegenüber einer linearen, orthogonalen Transformation der q_k und p_k. Denn setzt man

$$\left.\begin{aligned} q_k' &= \sum_l a_{kl} q_l \\ p_k' &= \sum_l a_{kl} p_l \end{aligned} \qquad \sum_l a_{kl} a_{jl} = \delta_{kj}, \right\} \tag{10}$$

so wird

$$\begin{aligned} p_k' q_l' - q_l' p_k' &= \sum_{i,j} a_{ki} a_{lj} (p_i q_j - q_j p_i) \\ &= \frac{h}{2\pi i} \sum_j a_{kj} a_{lj} = \frac{h}{2\pi i} \delta_{kl}, \end{aligned}$$

und Entsprechendes gilt für die andern Relationen.

Fordern wir daher unsere Grundrelationen für ein kartesisches Koordinatensystem, so gelten sie für jedes.

Beim systematischen Fortschreiten haben wir jetzt entartete Systeme zu studieren, d. h. solche, bei denen einige der W_n-Werte gleich, also einige der Frequenzen $\nu(nm)$ Null sind. Dann kann immer noch die Konstanz der Energie $\dot{H} = 0$ aus den Bewegungsgleichungen und den Vertauschungsrelationen gefolgert werden; aber aus $\dot{\boldsymbol{H}} = 0$ folgt im allgemeinen nicht mehr, daß $\boldsymbol{H}$ eine Diagonalmatrix ist, und damit wird der Beweis des Frequenzsatzes undurchführbar. Die Bewegungsgleichungen und Vertauschungsrelationen allein sind also hier nicht ausreichend zur eindeutigen Festlegung der Eigenschaften des Systems, und es ist eine Verschärfung der Grundgleichungen notwendig. Es liegt nahe, diese Verschärfung so zu fassen: Als Grundgleichungen sollen gelten die Vertauschungsrelationen und

$$\boldsymbol{H} = \boldsymbol{W} = \text{Diagonalmatrix}. \tag{11}$$

Dann ist die Gültigkeit der Frequenzbedingung auch für die entarteten Systeme gesichert.

Wenn auch wohl (bis auf singuläre Fälle) die Energie durch diese Forderungen eindeutig bestimmt sein wird, so sind die Koordinaten q_k nicht eindeutig festgelegt. Bei nicht entarteten Systemen sind, wie wir schon am Beispiel des harmonischen Oszillators sahen, nur gewisse Phasenkonstanten willkürlich, und zwar je eine für jeden stationären Zustand; bei entarteten Systemen besteht eine viel größere Unbestimmtheit, die offenbar mit einer Art Labilität zusammenhängt, dank deren beliebig kleine äußere Störungen endliche Änderungen der Koordinaten herbeiführen können. Doch wollen wir darauf nicht näher eingehen.

15. Vorlesung.

Erhaltung des Drehimpulses. Achsensymmetrische Systeme und Quantisierung der Achsenkomponente des Drehimpulses.

Die bisher behandelten Anwendungen unserer Grundprinzipien setzen voraus, daß einige besonders einfache Systeme als Ausgangspunkt für die Störungsrechnung genau bekannt sind. Wir haben bisher eigentlich hierfür nur das eine Beispiel des harmonischen Oszillators kennen gelernt. Darum müssen wir nun allgemeine Methoden zur direkten Integration der Grundgleichungen aufsuchen. Der Weg ist dabei derselbe wie in der klassischen Mechanik: man benutzt allgemeine Eigenschaften der Energiefunktion $\boldsymbol{H}$, um daraus Integrale zu gewinnen. So hatten wir bereits den Energiesatz als Folge der Eigenschaft, daß $\boldsymbol{H}$ nicht explizite von der Zeit abhängt; wir werden jetzt die Impuls- und Drehimpuls-Sätze ableiten unter denselben Voraussetzungen über $\boldsymbol{H}$, wie in der gewöhnlichen Mechanik. Die Methode der Integration ist dabei stets ganz ähnlich, wie bei der Ableitung des Energiesatzes. Die Bewegungsgleichungen sind als Gleichungen für die Elemente der Matrizen ein unendliches System für unendlich viele Unbekannte, und zwar kommen im allgemeinen in jeder Gleichung unendlich viele Unbekannte vor. Man sucht zunächst eine Funktion $\boldsymbol{A}(\boldsymbol{q}\boldsymbol{p})$, welche infolge der Grundgleichungen konstant, also bei Nichtentartung des Systems eine Diagonalmatrix wird. Ist nun $\boldsymbol{\varphi}(\boldsymbol{q}\boldsymbol{p})$ irgendeine Funktion, so kann die Differenz

$$\boldsymbol{\varphi}\boldsymbol{A} - \boldsymbol{A}\boldsymbol{\varphi} = \boldsymbol{\psi}$$

mit Hilfe der Vertauschungsrelationen berechnet werden; da nun aber $\boldsymbol{A}$ Diagonalmatrix ist, so enthält jede der Elementengleichungen je nur eines der Elemente von $\boldsymbol{\varphi}$ und $\boldsymbol{\psi}$ (nebst zwei Diagonalgliedern von $\boldsymbol{A}$).

Sowohl in der GALILEI-NEWTONschen, als auch in der EINSTEINschen („relativistischen") Mechanik ist.

$$\boldsymbol{H} = \boldsymbol{H}'(\boldsymbol{p}) + \boldsymbol{H}''(\boldsymbol{q}). \tag{1}$$

Wir bilden nun die Komponenten des Impulses

$$\left.\begin{aligned} \boldsymbol{p}_x &= \sum_{k=1}^{f/3} \boldsymbol{p}_{kx}, \\ \boldsymbol{p}_y &= \sum_{k=1}^{f/3} \boldsymbol{p}_{ky}, \\ \boldsymbol{p}_z &= \sum_{k=1}^{f/3} \boldsymbol{p}_{kz} \end{aligned}\right\} \tag{2}$$

und des Drehimpulses

$$\left.\begin{aligned} \boldsymbol{M}_x &= \sum_{k=1}^{f/3} (\boldsymbol{q}_{ky}\boldsymbol{p}_{kz} - \boldsymbol{p}_{ky}\boldsymbol{q}_{kz}), \\ \boldsymbol{M}_y &= \sum_{k=1}^{f/3} (\boldsymbol{q}_{kz}\boldsymbol{p}_{kx} - \boldsymbol{p}_{kz}\boldsymbol{q}_{kx}), \\ \boldsymbol{M}_z &= \sum_{k=1}^{f/3} (\boldsymbol{q}_{kx}\boldsymbol{p}_{ky} - \boldsymbol{p}_{kx}\boldsymbol{q}_{ky}). \end{aligned}\right\} \tag{3}$$

Bildet man nun ihre zeitlichen Ableitungen und beachtet, daß wegen unserer Annahme über $\boldsymbol{H}$ alle $\dot{\boldsymbol{p}}_{kx}, \ldots$ nur von den $\boldsymbol{q}_{kx}, \ldots$, alle $\dot{\boldsymbol{q}}_{kx}, \ldots$ nur von den $\boldsymbol{p}_{kx}, \ldots$ abhängen, so sieht man, daß diese Ableitungen sämtlich die Form

$$\varphi(\boldsymbol{q}) + \psi(\boldsymbol{p})$$

haben. Da nun alle $\boldsymbol{q}$ untereinander und alle $\boldsymbol{p}$ untereinander vertauschbar sind, so verschwinden diese Ausdrücke unter denselben Bedingungen wie in der klassischen Mechanik.

Es gelten also die Schwerpunkts- und Flächensätze genau so wie in der klassischen Theorie.

Wir bilden nun den Ausdruck:

$$\begin{aligned} \boldsymbol{M}_x\boldsymbol{M}_y - \boldsymbol{M}_y\boldsymbol{M}_x &= \sum_{kl} \{(\boldsymbol{q}_{ky}\boldsymbol{p}_{kz} - \boldsymbol{p}_{ky}\boldsymbol{q}_{kz})(\boldsymbol{q}_{lz}\boldsymbol{p}_{lx} - \boldsymbol{p}_{lz}\boldsymbol{q}_{lx}) \\ &\quad - (\boldsymbol{q}_{kz}\boldsymbol{p}_{kx} - \boldsymbol{p}_{kz}\boldsymbol{q}_{kx})(\boldsymbol{q}_{ly}\boldsymbol{p}_{lz} - \boldsymbol{p}_{ly}\boldsymbol{q}_{lz})\} \\ &= \sum_{kl} \{\boldsymbol{q}_{ky}\boldsymbol{p}_{lx}(\boldsymbol{p}_{kz}\boldsymbol{q}_{lz} - \boldsymbol{q}_{lz}\boldsymbol{p}_{kz}) \\ &\quad + \boldsymbol{p}_{ky}\boldsymbol{q}_{lx}(\boldsymbol{q}_{kz}\boldsymbol{p}_{lz} - \boldsymbol{p}_{lz}\boldsymbol{q}_{kz})\} \\ &= -\frac{h}{2\pi i}\sum_{k}(\boldsymbol{q}_{kx}\boldsymbol{p}_{ky} - \boldsymbol{p}_{kx}\boldsymbol{q}_{ky}), \end{aligned}$$

also:

$$\boldsymbol{M}_x \boldsymbol{M}_y - \boldsymbol{M}_y \boldsymbol{M}_x = -\varepsilon \boldsymbol{M}_z, \qquad \left(\varepsilon = \frac{h}{2\pi i}\right). \tag{4}$$

Daraus sieht man, daß der Flächensatz, wie in der klassischen Theorie entweder nur für eine oder für alle 3 Achsen gilt.

Wir wollen nun im folgenden annehmen, daß das System nur diskrete Energiestufen (Punktspektrum) besitzt. Ferner sei das System nicht entartet, und es gelte einer der Flächensätze, etwa $\dot{\boldsymbol{M}}_z = 0$; das wird z. B. der Fall sein, wenn äußere Kräfte mit Symmetrie um die z-Achse auf das Atom wirken. Dann ist $\boldsymbol{M}_z$ eine Diagonalmatrix, und die einzelnen Elemente M_{zn} sind als die Drehmomente des Atoms um die z-Achse für die einzelnen Zustände des Atoms zu deuten.

Aus den Definitionen von $\boldsymbol{M}_x$, $\boldsymbol{M}_y$, $\boldsymbol{M}_z$ und den Vertauschungsregeln folgen die Matrizengleichungen:

$$\left.\begin{aligned} \boldsymbol{q}_{lx} \boldsymbol{M}_z - \boldsymbol{M}_z \boldsymbol{q}_{lx} &= +\varepsilon \boldsymbol{q}_{ly}, \\ \boldsymbol{q}_{ly} \boldsymbol{M}_z - \boldsymbol{M}_z \boldsymbol{q}_{ly} &= -\varepsilon \boldsymbol{q}_{lx}, \\ \boldsymbol{q}_{lz} \boldsymbol{M}_z - \boldsymbol{M}_z \boldsymbol{q}_{lz} &= 0. \end{aligned}\right\} \tag{5}$$

Wegen $M_z(nm) = \delta_{nm} M_{zn}$ bedeuten diese:

$$\left.\begin{aligned} q_{lx}(nm)(M_{zn} - M_{zm}) &= +\varepsilon q_{ly}(nm), \\ q_{ly}(nm)(M_{zn} - M_{zm}) &= -\varepsilon q_{lx}(nm), \\ q_{lz}(nm)(M_{zn} - M_{zm}) &= 0. \end{aligned}\right\} \tag{6}$$

Hierin sind folgende Aussagen — formuliert in der üblichen Sprache der Bohrschen Theorie — enthalten:

Bei einem Quantensprung, bei dem sich das Drehmoment $\boldsymbol{M}_{zn}$ ändert, ist $q_{lz}(nm) = 0$, die Schwingungsebene der erzeugten Lichtwelle liegt also senkrecht zur z-Achse. Bei Sprüngen ohne Änderung von $\boldsymbol{M}_{zn}$ sind $q_{lx}(nm) = 0$, $q_{ly}(nm) = 0$, das ausgesandte Licht schwingt also parallel zur z-Achse.

Ferner folgt:

$$\left\{(M_{zn} - M_{zm})^2 - \frac{h^2}{4\pi^2}\right\} q_{l\eta}(nm) = 0; \quad (\eta = x, y). \tag{7}$$

Das bedeutet: Bei jedem Quantensprung ändert sich M_{zn} um 0 oder um $\pm \frac{h}{2\pi}$. Im ersteren Falle ist das ausgestrahlte

Licht linear, parallel zur z-Achse polarisiert, im letzteren Falle zirkular.

Danach kann M_{zn} dargestellt werden in der Form

$$M_{zn} = \frac{h}{2\pi}(n_1 + C), \qquad n_1 = \cdots -2, -1, 0, 1, 2, \ldots \tag{8}$$

Gäbe es Zustände, deren Drehmoment nicht in diese Reihe paßt, so könnten zwischen diesen und denen der Reihe keine Übergänge und keine Wechselwirkung stattfinden.

Auf Grund dieses Ergebnisses kann man nun den Index n in zwei Komponenten spalten, deren eine die eben eingeführte Zahl n_1 ist, während die andere n_2 die verschiedenen n mit gleichem n_1 abzählt. Unsere Matrizen werden dann vierdimensional, und die abgeleiteten „Polarisationsregeln" sind mit folgender Darstellung gleichbedeutend:

$$\left.\begin{aligned} q_{lx}(n\,m) &= \delta_{1,|n_1-m_1|}\, q_{lx}(n\,m) \\ q_{ly}(n\,m) &= \delta_{1,|n_1-m_1|}\, q_{ly}(n\,m) \\ q_{lz}(n\,m) &= \delta_{n_1,m_1}\, q_{lz}(n\,m) \\ q_{lx}(n_1, n_2; n_1 \pm 1, m_2) &\mp i\, q_{ly}(n_1, n_2; n_1 \pm 1, m_2) = 0. \end{aligned}\right\} \tag{9}$$

Alle diese Relationen gelten auch, wenn für q_{lx}, q_{ly}, q_{lz}

$$p_{lx}, p_{ly}, p_{lz} \quad \text{oder} \quad M_x, M_y, M_z$$

gesetzt wird. Insbesondere merken wir an

$$\begin{aligned} M_x(n\,m) &= \delta_{1,|n_1-m_1|}\, M_x(n\,m) \\ M_y(n\,m) &= \delta_{1,|n_1-m_1|}\, M_y(n\,m) \\ M_x(n_1, n_2; n_1 \pm 1, m_2) &\mp i\, M_y(n_1, n_2; n_1 \pm 1, m_2) = 0. \end{aligned}$$

Wir brauchen ferner noch einige sekundäre Vertauschungsrelationen. Ist

$$\boldsymbol{q}_l^2 = \boldsymbol{q}_{lx}^2 + \boldsymbol{q}_{ly}^2 + \boldsymbol{q}_{lz}^2, \quad \boldsymbol{M}^2 = \boldsymbol{M}_x^2 + \boldsymbol{M}_y^2 + \boldsymbol{M}_z^2,$$

so folgt durch einfaches Ausrechnen

$$\left.\begin{aligned} \boldsymbol{q}_l^2 \boldsymbol{M}_z - \boldsymbol{M}_z \boldsymbol{q}_l^2 &= 0 \\ \boldsymbol{M}^2 \boldsymbol{M}_z - \boldsymbol{M}_z \boldsymbol{M}^2 &= 0; \end{aligned}\right\} \tag{10}$$

das bedeutet aber, daß $\boldsymbol{q}_l^2$ und $\boldsymbol{M}^2$ in bezug auf die Quantenzahl n_1 Diagonalmatrizen sind.

Die beiden Komponenten $\boldsymbol{M}_x$, $\boldsymbol{M}_y$ können zwar auch konstant sein, aber sicher nicht Diagonalmatrizen; denn aus

$$\boldsymbol{M}_y \boldsymbol{M}_z - \boldsymbol{M}_z \boldsymbol{M}_y = -\varepsilon \boldsymbol{M}_x$$

oder

$$M_y(n\,m)(M_{zn} - M_{zm}) = -\varepsilon M_x(n\,m)$$

würde folgen, daß für $M_y(n\,m) = M_{yn}\,\delta_{nm}$ $\boldsymbol{M}_x$ identisch verschwindet und daraus dann sofort, daß auch $\boldsymbol{M}_y$, $\boldsymbol{M}_z$ identisch verschwinden. Ein solches System mit konstantem Vektor $\mathfrak{M}$ (z. B. ein frei im Raume schwebendes System) ist also notwendig entartet.

Wir wollen nun ein System mit der Energiefunktion

$$\boldsymbol{H} = \boldsymbol{H}_0 + \lambda \boldsymbol{H}_1 + \cdots$$

betrachten unter folgenden Voraussetzungen: Für $\lambda = 0$ sollen alle 3 Flächensätze gelten. Für $\lambda \neq 0$ soll das System nicht entartet sein; dabei soll die Konstanz von $\boldsymbol{M}_z$ bestehen bleiben. Die Energie H_0 hängt nicht von n_1 ab. Man denke etwa an ein Atom in einem axialsymmetrischen Kraftfeld, dessen Stärke proportional λ ist.

Bei dieser Untersuchung gelangen wir auch zu bestimmten Aussagen über das entartete System mit der Energiefunktion $\boldsymbol{H}_0$; denn jede Eigenschaft des gestörten Systems, die von λ und von der Wahl der ausgezeichneten Richtung z unabhängig ist, muß für $\lambda = 0$ gültig bleiben.

Nach unserer Voraussetzung, daß für $\lambda = 0$ alle 3 Flächensätze gelten, haben $\dot{\boldsymbol{M}}_x$, $\dot{\boldsymbol{M}}_y$, also auch $\frac{d}{dt}(\boldsymbol{M}^2)$ keine von λ freien Glieder; es wird also

$$\left.\begin{array}{c} \nu_0(n\,m)\,M_x^0(n\,m) = 0, \quad \nu_0(n\,m)\,M_y^0(n\,m) = 0, \\ \nu_0(n\,m)\,M^{0^2}(n\,m) = 0. \end{array}\right\} \tag{11}$$

Da wir ferner angenommen haben, daß $\boldsymbol{H}_0 = \boldsymbol{W}^0$ von der Quantenzahl n_1 unabhängig ist, so ist stets

$$\nu_0(n_1\,n_2;\,m_1\,n_2) = W^0_{n_2} - W^0_{n_2} = 0,$$
$$\nu_0(n_1,\,n_2;\,m_1,\,m_2) = W^0_{n_2} - W^0_{m_2} \neq 0 \quad \text{für} \quad n_2 \neq m_2.$$

Daraus und aus (11) folgt:

$$\left.\begin{array}{c} M_x^0(n\,m) = \delta_{n_2 m_2} M_x^0(n\,m), \quad M_y^0(n\,m) = \delta_{n_2 m_2} M_y^0(n\,m), \\ M^{0^2}(n\,m) = \delta_{n_2 m_2} M^{0^2}(n\,m). \end{array}\right\} \tag{12}$$

Da wir aber allgemein $\boldsymbol{M}^2$ als Diagonalmatrix bezüglich n_1 erkannt hatten, so sehen wir jetzt, daß $\boldsymbol{M}^{0^2}$ eine Diagonalmatrix bezüglich beider Quantenzahlen n_1, n_2 ist. Dasselbe gilt also auch von $\boldsymbol{M}_x^{0^2} + \boldsymbol{M}_y^{0^2} = \boldsymbol{M}^{0^2} - \boldsymbol{M}_z^{0^2}$; nun wird

$$M_x^{0^2}(n_1 n_2 m_1 m_2) = \sum_{k_1 k_2} M_x^0(n_1 n_2 k_1 k_2) M_x^0(k_1 k_2 m_1 m_2)$$
$$= \delta_{n_2 m_2} \sum_{k_1} M_x^0(n_1 n_2 k_1 n_2) M_x^0(k_1 n_2 m_1 n_2)$$

und

$$\left.\begin{aligned} &(M_x^{0^2} + M_y^{0^2})(n_1 n_2 m_1 m_2) \\ &= \delta_{n_1 m_1} \delta_{n_2 m_2} \sum_{k_1} \{M_x^0(n_1 n_2 k_1 n_2) M_x^0(k_1 n_2 n_1 n_2) \\ &\qquad + M_y^0(n_1 n_2 k_1 n_2) M_x^0(k_1 n_2 n_1 n_2)\} \\ &= \delta_{n_1 m_1} \delta_{n_2 m_2} \sum_{k_1} \{|M_x^0(n_1 n_2 k_1 n_2)|^2 + |M_y^0(n_1 n_2 k_1 n_2)|^2\}. \end{aligned}\right\} \quad (13)$$

Folglich sind die Diagonalglieder von $\boldsymbol{M}^{0^2} - \boldsymbol{M}_z^2$ immer positiv, und da M^{0^2} nicht von n_1 abhängt, so ist bei gegebenem n_2 (also gegebenem $M_{n_2}^{0^2}$) die Anzahl der möglichen Werte von $M_{zn}^2 = \left(\frac{h}{2\pi}\right)^2 (n_1 + C)^2$, d. h. die Anzahl der Werte n_1, endlich. Folglich hat die Summe

$$\sum_{k_1 k_2} M_x^0(n_1 n_2 : k_1 k_2) M_y^0(k_1 k_2 ; m_1 m_2)$$
$$= \delta_{n_2 m_2} \sum_{k_1} M_x^0(n_1 n_2 ; k_1 n_2) M_x^0(k_1 n_2 ; m_1 n_2)$$

nur endlich viele Glieder; sie ist das Element von $\boldsymbol{M}_x^0 \boldsymbol{M}_y^0$. Bilden wir nun ebenso $\boldsymbol{M}_y^0 \boldsymbol{M}_x^0$ und summieren die Gleichung

$$-\varepsilon \boldsymbol{M}_z^0 = \boldsymbol{M}_x^0 \boldsymbol{M}_y^0 - \boldsymbol{M}_y^0 \boldsymbol{M}_x^0$$

bei festem n_2 über alle n_1, so ergibt sich rechts Null, weil allgemein für endliche Matrizen die Diagonalsumme von ab gleich der von ba ist:

$$\sum_n \left(\sum_k a(nk)\, b(kn)\right) = \sum_n \left(\sum_k b(nk)\, a(kn)\right).$$

Wir haben also

$$\sum_{n_1} \boldsymbol{M}_z = \frac{h}{2\pi} \sum_{n_1} (n_1 + C) = 0. \qquad (14)$$

Das gilt für jede etwa vorhandene Reihe der n_1. Folglich bilden die bei festem n_2 möglichen Werte von n_1 überhaupt nur eine, symmetrisch zur Null gelegene Reihe; $n_1 + C$ durchläuft also entweder eine endliche Reihe von ganzen Zahlen

$$\cdots -2, -1, 0, 1, 2, \ldots$$

oder von „halben“ Zahlen

$$\cdots -\tfrac{3}{2}, -\tfrac{1}{2}, \tfrac{1}{2}, \tfrac{3}{2}, \ldots .$$

In der Literatur ist statt $n_1 + C$ die Bezeichnung m („magnetische“ Quantenzahl) gebräuchlich; wir haben also gezeigt, daß die durch

$$\text{Diagonalglied von } M_z = \frac{h}{2\pi} m$$

definierte Quantenzahl m entweder ganz- oder halbzahlig ist und die „Auswahlregel“

$$m \rightarrow \begin{cases} m+1 \\ m \\ m-1 \end{cases} \tag{15}$$

befolgt.

Dieses Ergebnis scheint nicht wesentlich über das hinauszugehen, was mit Hilfe der klassischen Theorie der mehrfach periodischen Systeme erreicht wird; aber man muß sich vor Augen halten, daß dort häufig gewisse Bahnen durch Zusatzverbote ausgeschlossen werden mußten, z. B. in der Theorie des Wasserstoffatoms die Bahnen, bei denen ein Zusammenstoß des Elektrons mit dem Kern erfolgen würde.

Hier sind weder solche Verbote nötig, noch möglich, was als wesentlicher Fortschritt betrachtet werden muß. Dazu kommt die volle Gleichberechtigung von ganz- und halbzahligen Quantenzahlen, die bisher theoretisch nicht zu begründen war, während in vielen Fällen die empirischen Tatsachen mit Notwendigkeit zu halben Quantenzahlen führten.

16. Vorlesung.

Freie Systeme und die Quantisierung des gesamten Drehimpulses. Vergleich mit der Theorie der Richtungsquantelung. Intensität der ZEEMAN-Komponenten einer Spektrallinie. Bemerkungen über die Theorie der ZEEMAN-Aufspaltungen.

Ich glaube, durch die ausführliche Darstellung dieser Ableitung die Methode hinreichend klargelegt zu haben, und will von jetzt an nur mehr über die Resultate berichten.

Indem man den eingeschlagenen Weg weiter verfolgt, gelangt man zur Abspaltung einer weiteren Quantenzahl j, die im Limes $\lambda \to 0$ die Diagonalglieder von $\boldsymbol{M}^2$ bestimmt, und zwar wird

$$\text{Diagonalglied von } \boldsymbol{M}^2 = \left(\frac{h}{2\pi}\right)^2 j(j+1); \tag{1}$$

ferner ist j gleich dem Maximalwert der oben eingeführten Quantenzahl m, also ebenfalls ganz- oder halbzahlig, und es gilt die Auswahlregel

$$j \to \begin{cases} j+1 \\ j \\ j-1. \end{cases} \tag{2}$$

Man beweist dies ganz ähnlich wie in der klassischen Theorie. Dort führt man ein neues rechtwinkliges Koordinatensystem ein, dessen z-Achse in die Richtung des (für $\lambda = 0$) raumfesten Drehimpulses fällt; dann gelten in diesem System für den Gesamtimpuls ganz ähnliche Überlegungen wie bei axialer Symmetrie um die z-Achse für $\boldsymbol{M}_z$. Hier bildet man lineare Kombinationen der Koordinatenmatrizen, die einer Drehung des Koordinatensystems in die angegebene Lage (z-Achse parallel dem Drehimpuls) formal entsprechen, und erhält für diese Ausdrücke Gleichungen mit nur endlich vielen Matrix-Elementen von ähnlichem Typ wie früher für die Koordinaten selbst, nur daß statt $\boldsymbol{M}_z$ immer $\boldsymbol{M}^2$ vorkommt. Aus $\boldsymbol{M}_z$ und $\boldsymbol{M}$ findet man mit Hilfe der Identität

$$\begin{aligned}(\boldsymbol{M}_x + i\boldsymbol{M}_y)(\boldsymbol{M}_x - i\boldsymbol{M}_y) &= \boldsymbol{M}_x^2 + \boldsymbol{M}_y^2 - i(\boldsymbol{M}_x\boldsymbol{M}_y - \boldsymbol{M}_y\boldsymbol{M}_x) \\ &= \boldsymbol{M}^2 - \boldsymbol{M}_z^2 + i\varepsilon\boldsymbol{M}_z\end{aligned}$$

und den früher angegebenen Beziehungen für M_x und M_y (16. Vorlesung, Formeln (3), (4)):

$$\left.\begin{aligned}(M_x + iM_y)(j, m-1; j, m) &= \frac{h}{2\pi}\sqrt{j(j+1) - m(m-1)}, \\ (M_x - iM_y)(j, m; j, m-1) &= \frac{h}{2\pi}\sqrt{j(j+1) - m(m-1)}.\end{aligned}\right\} \tag{3}$$

Man kann auch die Abhängigkeit der Koordinaten q_{lx}, q_{ly}, q_{lz} selbst von den Quantenzahlen m, j explizite ausrechnen;

das Resultat schreibt man am übersichtlichsten getrennt für die drei Sprungmöglichkeiten von j:

$$j \to j: \quad \begin{cases} (q_{lx} + i\, q_{ly})(j, m-1; j, m) \\ \qquad = A \sqrt{j(j+1) - m(m-1)}, \\ (q_{lx} - i\, q_{ly})(j, m; j, m-1) \\ \qquad = A \sqrt{j(j+1) - m(m-1)}, \\ q_{lz}(j, m) \quad = A m. \end{cases} \tag{4}$$

$$j \to j-1: \quad \begin{cases} (q_{lx} + i\, q_{ly})(j, m-1; j-1, m) \\ \qquad = B \sqrt{(j-m)(j-m+1)}, \\ (q_{lx} - i\, q_{ly})(j, m; j-1, m-1) \\ \qquad = -B \sqrt{(j+m)(j+m-1)}, \\ q_{lz}(j, m; j-1, m) = B \sqrt{j^2 - m^2}. \end{cases} \tag{5}$$

$$j \to j+1: \quad \begin{cases} (q_{lx} + i\, q_{ly})(j, m; j+1, m+1) \\ \qquad = C \sqrt{(j+m+2)(j+m+1)}, \\ (q_{lx} - i\, q_{ly})(j, m+1; j+1, m) \\ \qquad = -C \sqrt{(j-m+1)(j-m)}, \\ q_{lz}(j, m; j+1, m) = C \sqrt{(j+1)^2 - m^2)}. \end{cases} \tag{6}$$

Dabei sind A, B, C irgendwie von den übrigen Quantenzahlen des Systems abhängig.

Für diese Formeln gilt nun etwas ähnliches, wie für die früher (Vorlesung 14) mitgeteilten Formeln der Störungs- und Dispersionstheorie: Sie sind schon vor der konsequenten Herleitung aus unserer Theorie durch Korrespondenzbetrachtungen gewonnen worden. Wie dies möglich ist, sieht man am leichtesten an den Formeln (4) für $j \to j$, indem man zum Grenzfall großer Quantenzahlen m, j übergeht; dann kann man die 1 neben m und j vernachlässigen und findet für das Verhältnis der Intensitäten der beiden zirkularen und der linearen Schwingung:

$$\left.\begin{aligned} &|q_{lx} + i\, q_{ly}|^2 : |q_{lx} - i\, q_{ly}|^2 : |q_{lz}|^2 \\ &= (j^2 - m^2) : (j^2 - m^2) : m^2 \\ &= (M^2 - M_z^2) : (M^2 - M_z^2) : M_z^2 \\ &= (M_x^2 + M_y^2) : (M_x^2 + M_y^2) : M_z^2, \end{aligned}\right\} \tag{7}$$

wo M, M_x, M_y, M_z die Werte des Drehmoments und seiner Komponenten in dem betrachteten Quantenzustand m, j bedeuten. Diese Formeln kann man aber auch auf klassischem Wege folgendermaßen erhalten:

Man denke sich die Elektronenbewegung durch die ihres elektrischen Schwerpunkts S repräsentiert. Die Bewegung von S zerlegen wir in eine lineare Komponente parallel dem Drehimpuls $\mathfrak{M}$ und zwei zirkulare Komponenten von entgegengesetztem Umlaufssinn senkrecht dazu; erstere entspricht dem hier allein betrachteten Übergang $j \rightarrow j$ (die beiden anderen entsprechen $j \rightarrow j \pm 1$). Diese lineare Schwingung parallel $\mathfrak{M}$ sei gegeben durch

$$q_x = a \sin \omega t \cos \varphi \sin \vartheta,$$
$$q_y = a \sin \omega t \sin \varphi \sin \vartheta,$$
$$q_z = a \sin \omega t \cos \vartheta,$$

wo φ, ϑ die Polarkoordinaten der Richtung von $\mathfrak{M}$ in einem raumfesten Koordinatensystem sind. Die Schwingung in der xy-Ebene zerlegen wir in zwei entgegengesetzt zirkulare, dargestellt durch

$$q_x + i q_y = a \sin \omega t e^{-i\varphi} \sin \vartheta,$$
$$q_x - i q_y = a \sin \omega t e^{-i\varphi} \sin \vartheta.$$

Für das Verhältnis der Intensitäten erhalten wir also:

$$|q_x + i q_y|^2 : |q_x - i q_y|^2 : |q_z|^2 = \sin^2 \vartheta : \sin^2 \vartheta : \cos^2 \vartheta. \quad (8)$$

Wird nun in der z-Richtung ein schwaches äußeres Feld angebracht, so rotiert das ganze Atom langsam um die z-Richtung; dabei werden zwar die Rotationsfrequenzen der beiden zirkularen Ersatzschwingungen ein wenig geändert, ebenso die Intensitäten, aber im Grenzfall unendlich schwachen Feldes kann man diese Änderungen vernachlässigen. Man hat dann

$$M_z = M \cos \vartheta, \qquad \sqrt{M_x^2 + M_y^2} = M \sin \vartheta.$$

Setzt man das ein, so erhält man die oben als Grenzfall der strengen Quantentheorie gewonnenen Formeln (7).

Ganz ähnlich lassen sich die Fälle $j \rightarrow j \pm 1$ interpretieren.

Man hat nun tatsächlich den umgekehrten Weg eingeschlagen: Ausgehend von der klassischen Bewegung hat man Intensitätsformeln erhalten, die für große Quantenzahlen richtig sein mußten, aber für kleinere m, j einer Korrektion bedurften. Diese Änderung hat man nun auf verschiedene Weise gefunden. GOUDSMIT, KRONIG, HÖNL und SOMMERFELD haben vor allem das „Prinzip des Randes" benutzt, d. h. die Forderung, daß die Intensitäten da verschwinden müssen, wo es keine Zustände mehr gibt. So ist, wie wir oben sagten, j der Maximalwert von m; also müssen z. B. die Intensitäten aller Übergänge, bei denen j ungeändert bleibt, aber m sich ändern, verschwinden, wenn man $m = j + 1$ setzt. Man sieht, daß unsere Formeln diese Bedingung tatsächlich erfüllen.

Den Anstoß zur Untersuchung dieser Intensitätsgesetze hat die experimentelle Erforschung der relativen Helligkeiten der Komponenten des ZEEMAN-Effekts gegeben, die unter der Führung von ORNSTEIN durch MOLL, BURGERS, DORGELO u. a. durchgeführt worden ist. Diese Utrechter Forscher haben zuerst empirisch ganzzahlige Intensitätsgesetze beim ZEEMAN-Effekt gefunden und einfache Regeln für ihre Berechnung aufgestellt. Dann hat sich die Theorie der Frage in der angegebenen Weise bemächtigt.

Unsere Formeln passen in der Tat genau auf den Fall eines Atoms in einem schwachen Magnetfelde. Wenn man einfach das empirische Aufspaltungsbild als gegeben ansieht, so kann man daraus den Wert von j ablesen; denn die parallel zum Felde schwingenden ZEEMAN-Komponenten $(m \rightarrow m)$ sind einfach mit der Quantenzahl m halb- oder ganzzahlig von der Mitte aus durchzunumerieren, und der größte Wert von m ist gleich j. Damit hat man aber die zu jeder Linie gehörigen Werte von m und j und kann nach unseren Formeln die relativen Intensitäten berechnen. Der Vergleich mit den Beobachtungen hat die Theorie durchweg bestätigt.

Die magnetische Aufspaltung im Spektrum selbst wird, wie schon gesagt, durch unsere Theorie nicht ohne weiteres gegeben. Denn wenn man, wie üblich, von den magnetischen Zusatztermen der Energie nur die in der Feldstärke linearen Glieder

$$\frac{e}{2\mu c}|\mathfrak{H}| \cdot M_z$$

berücksichtigt, so liefern diese wegen unseres Resultates über M_z die äquidistante Termfolge

$$\frac{e}{4\pi\mu c}|\mathfrak{H}| \cdot m = \nu_m \cdot m$$

mit der normalen Aufspaltung ν_m, wie sie der klassischen LARMOR-Präzession entspricht. Tatsächlich aber ist die Aufspaltung $g \nu_m m$, wobei die Zahlen g von LANDÉ als Funktionen der Quantenzahlen, die die betreffende Spektrallinie charakterisieren, auf rein empirischem Wege bestimmt worden sind. Diese Differenz liegt, wie wir schon mehrfach betont haben, nicht an der Quantenmechanik, sondern an dem Modell, bei dem das Elektron als geladener Massenpunkt vorausgesetzt wird. Sobald man mit UHLENBECK und GOUDSMIT dem Elektron ein Impulsmoment und ein geeignetes magnetisches Moment zuschreibt, erhält man die „Anomalie" der magnetischen Aufspaltung, und zwar auf Grund unserer Quantenmechanik genau die richtigen g-Formeln von LANDÉ. Ehe wir jedoch darauf eingehen, haben wir noch ein ganz fundamentales Problem zu lösen.

17. Vorlesung.

PAULIS Theorie des Wasserstoffatoms.

Wir kommen nun zu der für die Theorie ganz entscheidenden Frage: Ist sie imstande, von den Eigenschaften des Wasserstoffatoms Rechenschaft zu geben? Erinnern wir uns, daß die Erklärung des Wasserstoffspektrums (BALMER-Formel) der erste große Erfolg der BOHRschen Theorie war und immer ihr Grundpfeiler geblieben ist. Würde hier die neue Theorie versagen, so müßte man sie trotz aller ihrer begrifflichen Vorzüge fallen lassen. Aber sie läßt uns auch hier nicht im Stich, wie PAULI gezeigt. Ich kann von dieser Arbeit hier nur den Grundgedanken und das Ergebnis mitteilen.

In der klassischen Theorie der KEPLERschen Bewegung pflegt man mit Polarkoordinaten zu operieren. Dieses Verfahren versagt hier; denn es scheint nicht möglich zu sein, Winkelvariable als Matrizen aufzufassen. PAULI umgeht diese Schwierigkeit, indem er die rechtwinkligen Koordinaten beibehält, aber neben ihnen als überzählige Koordinate den Radiusvektor r einführt, der mit x, y, z durch die Relation

$$r^2 = x^2 + y^2 + z^2$$

verbunden ist. Wir wollen das Verfahren erst am klassischen Modell erläutern.

Man hat die Energiefunktion

$$H = \frac{1}{2\mu}\mathfrak{p}^2 - \frac{Ze^2}{r} \tag{1}$$

und die Bewegungsgleichungen

$$\dot{\mathfrak{r}} = \frac{1}{\mu}\mathfrak{p}, \qquad \dot{\mathfrak{p}} = -\frac{Ze^2\mathfrak{r}}{r^3}. \tag{2}$$

Aus diesen folgt, daß der Drehimpuls

$$\mathfrak{M} = [\mathfrak{r}\mathfrak{p}] \tag{3}$$

zeitlich konstant ist. Weiter folgt aber auch sofort mit Hilfe der Relation

$$[\mathfrak{M}\mathfrak{r}] = [[\mathfrak{r}\mathfrak{p}]\mathfrak{r}] = \mathfrak{p}\mathfrak{r}^2 - (\mathfrak{p}\mathfrak{r})\mathfrak{r},$$

daß der Vektor

$$\mathfrak{A} = \frac{1}{Ze^2\mu}[\mathfrak{M}\mathfrak{p}] + \frac{\mathfrak{r}}{r} \tag{4}$$

zeitlich konstant ist. Sodann erhält man mit $M = |\mathfrak{M}|$:

$$\mathfrak{A}\mathfrak{r} = -\frac{1}{Ze^2\mu}M^2 + r.$$

Das ist die Gleichung eines Kegelschnitts; legt man die xy-Ebene in die Ebene dieser Kurve und die x-Achse in die Richtung von $\mathfrak{A}$, also

$$\begin{aligned} x &= r\cos\varphi, & \mathfrak{A}_x &= |\mathfrak{A}| = A, \\ y &= r\sin\varphi, & \mathfrak{A}_y &= 0, \\ z &= 0, & \mathfrak{A}_z &= 0, \end{aligned}$$

so erhält man

$$Ar\cos\varphi = -\frac{M^2}{Ze^2\mu} + r$$

oder

$$r = \frac{M^2}{Ze^2\mu}\,\frac{1}{1 - A\cos\varphi};$$

also ist A die Exzentrizität, und man findet für die Energie:

$$W\cdot\frac{2}{Z^2e^4\mu}M^2 = A^2 - 1. \tag{5}$$

Diese Rechnung läßt sich nun in der Matrizenmechanik mit geringfügigen Änderungen nachmachen.

Die Matrizen x, y, z, r sind miteinander vertauschbar; ebenso die Impulsmatrizen p_x, p_y, p_z, p_r. Ferner sind

$$x \text{ mit } p_y, p_z, \ldots$$
$$p_x \text{ mit } y, z, \ldots$$

vertauschbar; aber es gilt:

$$p_x x - x p_x = \frac{h}{2\pi i}, \ldots.$$

Energie und Bewegungsgleichungen sind dieselben wie oben. Aus den letzteren folgt sofort, wie früher allgemein gezeigt wurde, daß der Drehimpuls $\mathfrak{M} = [\mathfrak{r}\mathfrak{p}]$ zeitlich konstant ist.

Man kann aber weiter zeigen, daß auch der Vektor

$$\mathfrak{A} = \frac{1}{Ze^2\mu}\frac{1}{2}([\mathfrak{M}\mathfrak{p}] + [\mathfrak{p}\mathfrak{M}]) + \frac{\mathfrak{r}}{r}$$

zeitlich konstant ist: hierzu ist eine längere Rechnung erforderlich, bei der man sekundäre Vertauschungsrelationen wie

$$y M_z - M_z y = -\frac{h}{2\pi i} x, \qquad M_y z - z M_y = -\frac{h}{2\pi i} x$$

$$p_x r - r p_x = \frac{h}{2\pi i}\frac{x}{r}, \ldots$$

$$p_x \frac{x}{r} - \frac{x}{r} p_x = \frac{h}{2\pi i}\frac{y^2 + z^2}{r^3}, \ldots$$

$$p_x \frac{y}{r} - \frac{y}{r} p_x = -\frac{h}{2\pi i}\frac{xy}{r^3}, \ldots$$

benutzt und die zeitlichen Ableitungen mit Hilfe der Formel

$$\frac{d}{dt}\frac{x}{r} = \frac{2\pi i}{h}\left(W\frac{x}{r} - \frac{x}{r}W\right) = \frac{2\pi i}{h}\frac{1}{2\mu}\left(p^2\frac{x}{r} - \frac{x}{r}p^2\right)$$

umformt.

Es handelt sich dann schließlich nur noch darum, die beiden konstanten Vektoren $\mathfrak{M}$ und $\mathfrak{A}$ zu bestimmen. Für diese erhält man folgende Vertauschungsrelationen:

$$\left.\begin{aligned} M_x M_y - M_y M_x &= -\frac{h}{2\pi i} M_z, \ldots \\ A_x M_y - M_y A_x &= -\frac{h}{2\pi i} A_z, \ldots \\ M_x A_y - A_y M_x &= -\frac{h}{2\pi i} A_z, \ldots \end{aligned}\right\} \qquad (6)$$

$$\boldsymbol{A}_x \boldsymbol{A}_y - \boldsymbol{A}_y \boldsymbol{A}_x = \frac{h}{2\pi i} \frac{2}{\mu Z^2 e^4} \boldsymbol{W} \boldsymbol{M}_z, \ldots \tag{7}$$

und schließlich gilt folgende Gleichung:

$$\left(\boldsymbol{M}^2 + \frac{h^2}{4\pi^2}\right) \frac{2}{\mu Z^2 e^4} \boldsymbol{W} = \boldsymbol{A}^2 - 1; \tag{8}$$

diese unterscheidet sich von der entsprechenden klassischen Gleichung nur durch das Glied $\frac{h^2}{4\pi^2}$ neben $\boldsymbol{M}^2$; aber dieses gerade ist für das Endergebnis von Wichtigkeit.

Bei der Lösung dieser Gleichungen wird zwar $\boldsymbol{W}$ stets eine Diagonalmatrix sein, aber die konstanten Komponenten der Matrizenvektoren $\mathfrak{P}$ und $\mathfrak{A}$ werden es nicht sein, wie wir oben ganz allgemein gesehen haben. Es hat aber nach unseren Ergebnissen einen ganz bestimmten Sinn, nach derjenigen speziellen Lösungen zu fragen, bei der außer $\boldsymbol{W}$ auch $\boldsymbol{P}_z$ und $\boldsymbol{P}^2$ Diagonalmatrizen sind; das bedeutet nämlich die Hinzufügung eines schwachen störenden Kraftfeldes von axialer Symmetrie um die z-Achse, dessen Energie von $\boldsymbol{P}_z$ und $\boldsymbol{P}$ abhängt.

Nun kann man dieselben Methoden wie früher (Vorlesung 16) anwenden, um den Vektor $\mathfrak{P}$ zu bestimmen; denn die Gl. (6) sind genau dieselben wie die Formeln (4), (5), Vorlesung 16, nur daß die Koordinaten $\boldsymbol{q}_{lx}$, $\boldsymbol{q}_{ly}$, $\boldsymbol{q}_{lz}$ durch $\boldsymbol{A}_x$, $\boldsymbol{A}_y$, $\boldsymbol{A}_z$ ersetzt sind. Statt der Quantenzahlen n_1, n_2 schreiben wir hier gleich von vornherein die üblichen Zeichen k, m, wobei k den Gesamtdrehimpuls bestimmt (oben allgemein j bezeichnet), m seine z-Komponente. Dann hat man:

$$\left.\begin{aligned} &P_z(k, m; k, m) = \frac{h}{2\pi} m, \quad P^2 = \frac{h^2}{4\pi^2} k(k+1) \\ &|P_x(k, m; k, m \pm 1)|^2 = |P_y(k, m; k, m \pm 1)|^2 \\ &\quad = \frac{1}{4} \frac{h^2}{4\pi^2} (k(k+1) - m(m+1)). \end{aligned}\right\} \tag{9}$$

m durchläuft eine lückenlose Reihe halb- oder ganzzahliger Werte von $-k$ bis $+k$.

Sodann erhält man für A_x, A_y, A_z ganz entsprechende Formeln wie früher für q_{lx}, q_{ly}, q_{lz}; wir schreiben hier die folgenden an:

$$|A_x(k+1, m; k, m \pm 1)|^2 = |A_y(k+1, m; k, m \pm 1)|^2$$
$$= \tfrac{1}{4} C(k+1, k)(k \mp m)(k \mp m + 1)$$
$$|A_z(k+1, m; k, m)|^2 = C(k+1, k)((k+1)^2 - m^2).$$

Geht man nun zu den Gl. (7) über, so zeigt sich eine nähere Diskussion, daß sie für den bei gegebenem W kleinstmöglichen Wert von k nur erfüllt sein können, wenn für diesen m keinen anderen Wert als Null annimmt, d. h. wenn $k_{\min} = 0$ ist. Darin ist die Ganzzahligkeit von k und m enthalten. Ferner erhält man aus (7) für die Funktionen $C(k+1, k) = C(k, k+1)$ die Gleichungen:

$$(2k-1) \cdot C(k, k-1) - (2k+3)\, C(k+1, k) = \frac{|W|}{RhZ^2}, \quad k \neq 0.$$

Dabei ist W als negativ vorausgesetzt (Ellipse, keine Hyperbel); R bedeutet die Rydberg-Konstante. Man erhält als Lösung dieser Gleichung

$$C(k+1, k) = \frac{|W|}{RhZ^2} \frac{(k_m - k)(k + k_m + 2)}{(2k+1)(2k+3)},$$

wo k_m den maximalen Wert von k bei gegebenem $|W|$ bedeutet.

Nunmehr hat man die Komponenten von $\mathfrak{A}$ und damit auch den Betrag $A^2 = A_x^2 + A_y^2 + A_z^2$, nämlich:

$$\left.\begin{aligned} A^2(k, m; k, m) &= (k+1)(2k+3)\, C(k+1, k) + k(2k-1)\, C(k, k-1) \\ &= \frac{|W|}{RhZ^2}(k_m^2 + 2k_m - k(k+1)). \end{aligned}\right\} \quad (10)$$

Schließlich folgt aus der Gl. (8)

$$1 = \frac{|W|}{RhZ^2}(k_m + 1)^2.$$

Schreiben wir

$$n = k_m + 1,$$

so entspricht dies n der „Hauptquantenzahl" der Bohrschen Theorie und nimmt die Werte $n = 1, 2, 3, \ldots$ an; bei gegebenem n aber hat k die Werte $k = 0, 1, 2, \ldots, n-1$.

Damit haben wir die BALMERsche Formel

$$W_n = -\frac{RhZ^2}{n^2} \qquad (n = 1, 2, 3, \ldots) \tag{11}$$

wiedergewonnen und zugleich erkannt, wie sich jeder Term bei Aufhebung der Entartung durch Hinzufügen schwacher Störungskräfte aufspaltet; diese Aufspaltung wird dargestellt durch die Angaben:

$$k = 0, 1, 2, \ldots, n-1; \quad m = -k, -k+1, \ldots, k-1, k.$$

Es ist eine charakteristische Konsequenz der neuen Theorie, daß der Wert $k = n$ nicht vorkommt; daraus folgt im besonderen, daß im Normalzustande $(n = 1)$ k nur den Wert 0, also auch m nur den Wert 0 hat, d. h. der Normalzustand ist „unmagnetisch“. Allerdings wird dieses Ergebnis zu revidieren sein, wenn man die neue Auffassung des rotierenden magnetischen Elektrons nach UHLENBECK und GOUDSMIT zugrunde legt (s. 18. Vorlesung).

PAULI ist es auch gelungen, in ähnlicher Weise den STARK-Effekt des Wasserstoffatoms abzuleiten; auch hier sind wieder alle Zusatzverbote überflüssig. Dasselbe gilt von dem Falle, daß gleichzeitig ein magnetisches und elektrisches Feld von beliebiger Richtung wirkt („gekreuzte Felder“); gerade hier stieß die klassische Theorie der mehrfach periodischen Systeme auf große Schwierigkeiten. Hier gibt es nämlich Bahnen, die dem Kern beliebig nahe kommen; diese müssen durch ein Zusatzverbot ausgeschlossen werden. Andrerseits kann man beweisen, daß sich diese Bahnen durch unendlich langsame „adiabatische“ Änderungen der äußeren Felder in solche überführen lassen, die einen endlichen Abstand vom Kern behalten, gegen deren Zulassung also kein Grund vorliegt. Man hat also einen Widerspruch gegen das Prinzip von EHRENFEST, wonach stationäre Zustände bei adiabatischen Beeinflussungen stationär bleiben. In der neuen Theorie fällt diese Schwierigkeit weg.

Auch das Problem der Feinstruktur (relativistische Massenveränderlichkeit) ist von PAULI, HEISENBERG und JORDAN gelöst worden; wir werden es in der nächsten Vorlesung als Spezialfall des allgemeinen Multiplettproblems behandeln.

Zum Schluß möche ich erwähnen, daß DIRAC die Berechnung des Wasserstoffatoms in Angriff genommen hat mit Hilfe einer neuen, sehr leistungsfähigen Methode, die mit einer von WIENER und mir entwickelten (19. Vorlesung) nahe verwandt ist.

18. Vorlesung.

Die Deutung der Spektren der Alkaliatome auf Grund der UHLENBECK-GOUDSMITschen Hypothese und der Quantenmechanik. Ableitung der LANDÉschen g-Formel des ZEEMAN-Effekts. Der PASCHEN-BACK-Effekt. Die Erdalkaliatome. Das PAULIsche Prinzip und die Struktur des periodischen Systems. Die Röntgenterme und die Dublett-Termdistanzen.

Durch Anwendung der neuen Quantenmechanik auf das Modell von UHLENBECK und GOUDSMIT, bei dem das Elektron einen Drehimpuls und ein magnetisches Moment besitzt, gewinnt man eine vollständige Deutung der allgemeinen Gesetzmäßigkeiten der Spektren, ihrer Multiplettstruktur und ZEEMAN-Effekte. Wir wollen deshalb diese Gesetzmäßigkeiten hier gleich im Zusammenhang mit ihrer mechanischen Deutung besprechen.

Ein Edelgasatom im Normalzustand ist diamagnetisch; der Grundterm wird magnetisch nicht aufgespalten. Diese Tatsache läßt sich natürlich deuten durch die Vorstellung, daß ein Edelgasatom im Grundzustand kein resultierendes mechanisches und magnetisches Moment besitzt, überhaupt in seinen physikalischen Eigenschaften völlig isotrop ist. Dasselbe wird für die Ionen der Alkaliatome gelten; daher ist die Bewegung des Leuchtelektrons im Alkaliatom als Bewegung in einem zentralsymmetrischen Kraftfeld anzusehen. Das Wasserstoffatom stellt danach nur einen Sonderfall der Alkaliatome dar; daß sein Spektrum trotzdem keine Dubletts der bei den Alkaliatomen auftretenden Art besitzt, liegt an besonderen Entartungen, die sich aus der Natur seines Zentralfeldes (COULOMBsches Gesetz) ergeben.

Von den oben abgeleiteten Ergebnissen der neuen Quantenmechanik gebrauchen wir im folgenden vor allem den Satz, daß der Drehimpuls eines Atoms (nicht, wie bisher, gleich $\frac{h}{2\pi} j$ mit ganzzahligem j, sondern) gleich $\frac{h}{2\pi}\sqrt{j(j+1)}$ ist, wo j für alle Zustände des Atoms entweder ganzzahlig oder halbzahlig ist. Wir wollen jedoch immer kurz vom „Drehmoment j" sprechen.

Die Bewegung des Elektrons im zentralsymmetrischen Kraftfeld ist nun so zu beschreiben:

Wäre das Elektron ein elektrisch geladener Massenpunkt, so wäre die Bahn eben, nämlich eine infolge der relativistischen Massenveränderlichkeit und der Abweichungen des Kraftfeldes vom einfachen COULOMBschen Gesetz präzessierende Ellipse; dieser Bahn ist ein „Drehmoment l" (also vom Betrage $\frac{h}{2\pi}\sqrt{l(l+1)}$) zuzuschreiben. Im Gegensatz zur bisher üblichen (in der 8. Vorlesung dargestellten) Quantentheorie hat man jedoch nicht $l = 1, 2, 3, \ldots$ für die S-, P-, D-Bahnen, sondern nach PAULI $l = 0, 1, 2, \ldots$ anzunehmen; die S-Bahnen besitzen also das Drehmoment Null. Nun hat aber nach UHLENBECK und GOUDSMIT das Elektron noch einen Eigenimpuls $r = \frac{1}{2}$ $\left(\text{also vom genauen Betrage } \frac{h}{2\pi}\sqrt{\frac{1}{2}\left(1+\frac{1}{2}\right)} = \frac{h}{2\pi}\frac{\sqrt{3}}{2}\right)$; dieser bewirkt, daß sich das Elektron als Magnet verhält und eine Kraft erfährt, wenn es sich durch das elektrostatische Zentralfeld bewegt. Das Ergebnis dieser Kraftwirkung ist eine säkulare Störung der Elektronenbahn: Die ebene Rosettenbahn präzessiert um die Resultante von l und r. Diese Resultante ist wieder durch die Quantenmechanik bestimmt; die ihr zugeordnete Quantenzahl j unterliegt der Bedingung

$$|l - r| \leqq j \leqq |l + r|, \qquad (1)$$

die man anschaulich deuten kann, indem man j als Vektorsumme von l und r ansieht. Dieses j ist nichts anderes als die von SOMMERFELD eingeführte „innere Quantenzahl" (s. 8. Vorlesung). Sie unterliegt empirisch der Auswahlregel

$$j \to \begin{cases} j-1 \\ j \\ j+1, \end{cases}$$

deren theoretische Begründung sich sofort aus der geschilderten dynamischen Bedeutung von j ergibt,

Da $r = \frac{1}{2}$ ist, so folgt aus (1) für $l = 0$ nur ein Wert $j = \frac{1}{2}$; d. h. die S-Terme sind einfach. Alle andern Terme $(P, D, \ldots)$ sind zweifach, da für $l > 0$ die beiden Werte $j = l \pm \frac{1}{2}$ herauskommen.

Bringen wir das Atom in ein Magnetfeld, so tritt in bekannter Weise (15. Vorlesung) eine Richtungsquantelung und eine Aufspaltung der Spektralterme ein. Die Komponente des Drehimpulses j in Richtung des Feldes nimmt die Werte $\frac{h}{2\pi}m$ an; dabei ist m ganz- oder halbzahlig, je nachdem es j ist, und durchläuft alle Werte von $-j$ bis $+j$:

$$m = -j, \quad -j+1, \ldots j-1, j.$$

Eine weitere Aufspaltung eines Termes ist nun nicht mehr möglich. Die Theorie gibt diesen Zuständen im Magnetfeld gleiches „Gewicht" im Hinblick auf statistische Betrachtungen. Da ein Term mit gegebenem j im Magnetfeld in $2j+1$ Komponenten zerfällt, so ergibt sich: Ein Term mit der inneren Quantenzahl j hat das „statistische Gewicht" $2j+1$.

Der Bewegungsvorgang im Magnetfeld besteht in einer Präzession des gesamten Drehimpulses j um seine in der Feldrichtung liegende Komponente m. Die Winkelgeschwindigkeit ist aber nicht die normale LARMOR-Präzession $\nu_m \cdot m$, sondern $g \cdot \nu_m m$, wo g den „LANDÉschen Faktor" (s. 16. Vorlesung) bezeichnet. Daß dies hier von selber so herauskommt, läßt sich im Anschluß an ältere LANDÉsche Überlegungen nach HEISENBERG und JORDAN folgendermaßen verstehen.

UHLENBECK und GOUDSMIT nehmen im Anschluß an LANDÉ an, daß die magnetische Energie der Eigenrotation des Elektrons in einem Magnetfeld gerade doppelt so groß ist wie die einer umlaufenden elektrischen Punktladung beim gleichen mechanischen Drehmoment[1]). Daraus folgt nach dem oben über den geometrischen Zusammenhang der Drehimpulse r, l, j Gesagten (s. Abb. 16), daß das Atom im Magnetfelde die Zusatzenergie

$$\nu_m \cdot m g = \nu_m \cdot \cos(J\mathfrak{H}) \cdot (J + R\cos(RJ))$$

bekommt, wenn $J = \frac{h}{2\pi}\sqrt{j(j+1)}$, $R = \frac{h}{2\pi}\sqrt{r(r+1)}$ gesetzt ist; denn R präzessiert um J, liefert also im Mittel nur seine

[1]) Eine tiefere elektrodynamische Begründung dieser Annahme scheint beim heutigen Stande der Theorie verfrüht.

Projektion auf J als Beitrag zum magnetischen Moment in der J-Richtung. Nun ist (s. Abb. 16)

$$\cos(J\mathfrak{H}) = \frac{m}{J}, \qquad \cos(RJ) = \frac{J^2 + R^2 - L^2}{2RJ},$$

wenn $L = \frac{h}{2\pi}\sqrt{l(l+1)}$ die dritte Seite der Dreiecks J, R, L bezeichnet. Setzt man das ein, so erhält man die berühmte LANDÉsche g-Formel

$$g = 1 + \frac{j(j+1) + r(r+1) - l(l+1)}{2j(j+1)}.$$

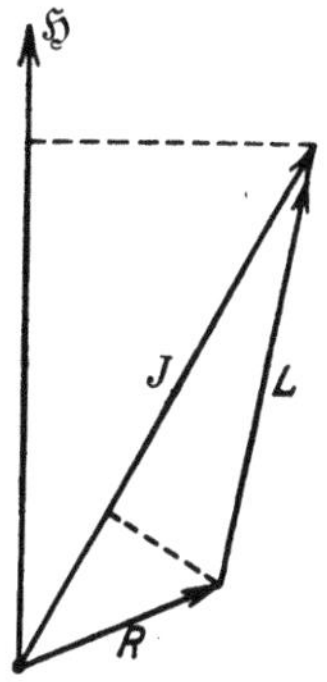

Abb. 16.

Diese Ableitung bedarf natürlich wegen ihrer Mischung von anschaulichen und quantenmechanischen Elementen einer strengeren mathematischen Begründung und hat diese auch durch HEISENBERG und JORDAN erhalten. Sie läßt erkennen, daß sie allgemein anwendbar ist für Atome, in denen ein Drehvektor r mit doppelter LARMOR-Energie mit einem Vektor l von einfacher LAMOR-Energie um die Resultante j präzessiert.

Sie gilt jedoch nur unter der Voraussetzung, daß die magnetische Zusatzenergie $\nu_m \cdot mg$ klein ist gegen die Energie der Koppelung zwischen r und l; letztere tritt im Abstand der Multiplettkomponenten in Erscqeinung. Ein stärkeres Magnetfeld zerrt die Vektoren r und l auseinander, da es beide mit verschiedenen Präzessionsgeschwindigkeiten zu drehen strebt. Wird endlich das Magnetfeld so stark, daß die Koppelung von r und l gar nicht mehr in Betracht kommt, so werden l und r unabhängig um $\mathfrak{H}$ präzessieren und daher jedes für sich eine gequantelte Komponente m_l und m_r parallel zu $\mathfrak{H}$ haben; die magnetische Energie ist dann gleich $\nu_m(m_l + 2m_r)$. Da m, also auch m_l ganzzahlig und r, also auch m_r, halbzahlig ist, so ist $m_l + 2m_r$ ganzzahlig; man hat also bei starken Feldern normale Aufspaltung, eine Erscheinung, die nach ihren Entdeckern PASCHEN-BACK-Effekt genannt wird.

Man kann nunmehr auch nach PAULI die Verhältnisse bei Atomen mit mehreren äußeren oder „Valenz"-Elektronen übersehen. Es mag genügen, hier Atome mit zwei Valenzelektronen zu betrachten, wie sie durch die Erdalkalien dargestellt werden. Zu diesen gehört insbesondere auch das He-Atom; doch sind im He-Spektrum die typischen Gesetzmäßigkeiten der Erdalkalispektren nicht mehr vollständig ausgebildet infolge von singulären Entartungen — ähnlich wie wir es beim Wasserstoff im Vergleich zu den Alkalien finden. Wir unterscheiden die den beiden Elektronen zukommenden Vektorenpaare als l_1, r_1 und l_2, r_2. Im starken Magnetfeld werden diese Vektoren auseinandergerissen. Da jedoch l_1 und l_2 die gleiche magnetische Präzession vollführen, setzen sie sich zu einer Resultante l zusammen, welche die durch

$$|l_1 - l_2| \leqq l \leqq l_1 + l_2$$

gegebenen Werte annehmen kann. Die Komponente von l in der Feldrichtung ist $m_l = m_{l_1} + m_{l_2}$ mit der magnetischen Energie $\nu_m \cdot m_l$.

Ebenso vollführen r_1 und r_2 die gleiche Präzession und setzen sich daher zu der Resultante r zusammen mit

$$|r_1 - r_2| \leqq r \leqq r_1 + r_2;$$

da für jedes einzelne Elektron $r_1 = r_2 = \frac{1}{2}$ ist, so hat r die Werte $r = 0$ und $r = 1$. Die Komponente von r in der Feldrichtung ist $m_r = m_{r_1} + m_{r_2}$ mit der magnetischen Energie $2\,m_r$.

Nachdem nun auf diese Weise das Atom im starken Magnetfeld zusammengesetzt ist, können wir durch adiabatische Schwächung des Feldes vom Paschen-Back-Effekt wieder zum gewöhnlichen Zeeman-Effekt und endlich zum ungestörten Atom übergehen. Ob dabei im Endergebnis etwas Einfaches zustande kommt, hängt nach Heisenberg wesentlich von den Größenverhältnissen der Wechselwirkungsenergien von l_1, l_2, r_1, r_2 ab. Der wichtigste Fall ist der, daß die Wechselwirkungsenergie von r_1 und r_2 untereinander und die von l_1 und l_2 untereinander groß sind gegenüber den Wirkungen zwischen den Vektorenpaaren r_1, r_2 und l_1, l_2. Dann werden offenbar auch beim langsamen Abschalten des Feldes die aus l_1, l_2 bzw. r_1, r_2 gebildeten Resultanten r, l erhalten bleiben; sie werden sich jedoch nicht mehr unabhängig voneinander bewegen, sondern schließlich, wenn das Magnetfeld schwach (gegenüber der Wechselwirkung zwischen r und l) ist, um eine Resultante j präzessieren. Wir haben wieder den schon oben ausführlich besprochenen Fall, nur mit anderen r-Werten:

Für $r=0$ wird nach (1) stets $j=l$, wir haben „Singulett-Terme" ^1S, ^1P, ^1D, ... Für $r=1$ dagegen ist zwar der S-Term ($l=0$), wie immer, einfach, die P-, D-, ...-Terme aber sind dreifach ($j=l-1$, l, $l+1$); wir haben also „Triplett-Terme" ^3S, ^3P, ^3D, ...

Dabei ist jedoch ein weiterer Umstand zu beachten. Empirisch zeigt sich nämlich, daß für die kleinstmögliche Hauptquantenzahl (bei geeigneter Normierung $n=1$) zwar ein ^1S-Term, aber kein ^3S-Term auftritt. Das ist nach Pauli als ein Sonderfall der folgenden allgemeinen Gesetzmäßigkeit anzusehen *(Paulisches Prinzip)*:

Es kommen in einem Atom niemals zwei Elektronen vor, die in allen vier Quantenzahlen n_1, l_1, m_{l_1}, m_{r_1} bzw. n_2, l_2, m_{l_2}, m_{r_2} übereinstimmen.

Es kann deshalb z. B. beim Heliumatom nicht vorkommen, daß für das eine Elektron $n_1=1$, $l_1=0$, $m_{l_1}=0$, für das andere $n_2=1$, $l_2=0$, $m_{l_2}=0$ und schließlich noch zugleich $m_{r_1}=+\frac{1}{2}$ und $m_{r_2}=+\frac{1}{2}$ ist; das wäre der $1\,^3S$-Term. Sondern es kann bei Übereinstimmung der ersten drei Quantenzahlen nur eine der beiden Zahlen m_{r_1}, m_{r_2} gleich $+\frac{1}{2}$, die andere gleich $-\frac{1}{2}$ sein, was gerade den Term $1\,^1S$ ergibt.

Das Paulische Prinzip gibt weiter auch die Begründung für die Gesetzmäßigkeiten des periodischen Systems, die von Stoner und Main Smith entwickelt worden sind. Aus dem Prinzip folgt nämlich:

In einer „Elektronenschale", welche durch bestimmte Werte für die Quantenzahlen n_i, l_i, j_i der zugehörigen Elektronen gekennzeichnet ist, haben nur so viele Elektronen Platz, wie das „statistische Gewicht" eines Alkalidublett-Terms n, l, j angibt, also $2j+1$. Man versteht danach sogleich die folgende Tabelle für die Elektronenanordnung in den Grundzuständen einiger Elemente aus dem Anfang des periodischen Systems:

Z	$1\,^2S$ K	$2\,^2S$ L_{11}	$2\,^2P_1$ L_{21}	$2\,^2P_2$ L_{22}
He 2	2			
Li 3	2	1		
Be 4	2	2		
B 5	2	2	1	
C 6	2	2	2	
Ne 10	2	2	2	4

Die Buchstaben K, L_{11}, L_{21}, L_{31} geben die aus der Spektroskopie der Röntgenstrahlen entwickelte Bezeichnungsweise der einzelnen Elektronenschalen des Atoms; darüber sind die entsprechenden Alkalidublett-Terme angegeben.

Wie sich die Periodenlängen 2, 8, 18, 32 erklären, sieht man aus folgender Tabelle, die sich ohne weiteres aus dem PAULIschen Prinzip ergibt:

	n	Anzahl der hinzukommenden Elektronen
He	1	$2 = 2$
Ne	2	$8 = 2 + 2 + 4$
A	3	$8 = 2 + 2 + 4$
Kr	4	$18 = 2 + 2 + 4 + 4 + 6$
Xe	5	$18 = 2 + 2 + 4 + 4 + 6$
Em	6	$32 = 2 + 2 + 4 + 4 + 6$

Wir wollen endlich zu den Dublettspektren zurückkehren und den Termabständen noch einige Worte widmen. Die dafür geltenden Gesetzmäßigkeiten sind zuerst für die Röntgenspektren erkannt und durch Formeln dargestellt worden (SOMMERFELD); die Röntgenterme bilden gewissermaßen ein „umgekehrtes“ Alkali-Termsystem, da sie nicht durch die Sprünge eines einzelnen Leuchtelektrons, sondern durch die „Sprünge“ einer einzelnen „Lücke“ innerhalb der abgeschlossenen Elektronenschalen zustande kommen (s. 8. Vorlesung). Die theoretische Erfassung dieser Gesetze ist natürlich ursprünglich mit der erst kürzlich aufgegebenen Vorstellung des Elektrons als elektrische Punktladung versucht worden. Zwei wichtige Gesetze wurden dabei von HERTZ und SOMMERFELD gefunden: Der Abstand der Terme $2\,^2S$ und $2\,^2P_2$ kann gedeutet werden als die Summe von zwei Unterschieden, die durch die Ellipsenform der Bahn $2\,^2S$ im Gegensatz zur Kreisbahn $2\,^2P_2$ bedingt sind; nämlich einerseits verschiedene Relativitätskorrektion und andererseits verschiedene Kernabschirmung. Aber der Term $2\,^2P_1$ verhält sich merkwürdigerweise so, als wenn er einer Bahn entspräche, die hinsichtlich der Relativitätskorrektion elliptisch, hinsichtlich der Abschirmung kreisförmig ist. Entsprechendes gilt für die übrigen Röntgendubletts.

Im Anschluß an UHLENBECK und GOUDSMIT hat man jetzt diese Auffassung dahin abzuändern, daß die Termdifferenz $2\,^2P_1$,

$2\,^2P_2$ dem inneratomaren Magnetismus entspringt (wie oben angedeutet wurde), während für die Differenz $2\,^2S$, $2\,^2P_2$ die alte Deutung im wesentlichen beizubehalten ist. Die Einsicht, daß damit der Abstand $2\,^2P_1$, $2\,^2P_2$ qualitativ wirklich erklärt werden kann, ist vor allem LANDÉ zu verdanken. Eine exakte Ableitung der SOMMERFELDschen, an der Erfahrung glänzend bewährten Formel aus der neuen Modellvorstellung ist jedoch erst mit Hilfe unserer neuen Quantenmechanik möglich. Dies ist von HEISENBERG uud JORDAN und von PAULI gezeigt worden.

Die aufgezählten Resultate scheinen hinreichenden Grund für die Hoffnung zu geben, daß die Grundvorstellungen richtig sind. Das durch die Theorie deutbare Beobachtungsmaterial ist ja außerordentlich groß. Ich möchte hier nur darauf hinweisen, daß durch schöne Untersuchungen von RUSSEL und SAUNDERS, von HUND und anderen die Struktur und die Spektren von Atomen mit zahlreichen, gekoppelten Elektronen aufgeklärt werden konnten; jedes solche Ergebnis ist ein Beitrag zur Bestätigung der Theorie. Aber andererseits bleiben viele wichtige Fragen offen, vor allem eine exakte Berechnung des Heliumatoms. Erst wenn diese gelingt, wäre man einigermaßen sicher, daß man im Besitz der richtigen Prinzipien ist, so dunkel auch deren physikalischer Sinn zum Teil noch sein mag.

19. Vorlesung.

Zusammenhang mit der Theorie der HERMITEschen Formen. Aperiodische Bewegungen und kontinuierliche Spektren.

Man wird nun die Frage aufwerfen, wie aperiodische Bewegungen, z. B. die Hyperbelbahnen des Wasserstoffatoms, in der neuen Theorie zu behandeln sind. Von vornherein ist zu erwarten, daß kein prinzipieller Unterschied in der Behandlung von periodischen und aperiodischen Vorgängen auftreten sollte; denn in der Formulierung der Grundgleichungen kommt die Forderung der Periodizität nicht explizite vor, auch der Begriff der „Matrix“ läßt sich ohne weiteres so verallgemeinern, daß er aperiodische Vorgänge darzustellen erlaubt. Man hat einfach die Indices n, m als kontinuierliche Variable aufzufassen und das Matrizenprodukt durch das Integral

$$p\,q = \left(\int p\,(n\,k)\,q\,(k\,m)\,d\,k\right)$$

zu definieren. Aber Schwierigkeiten treten sofort auf, wenn man den Begriff der „Einheitsmatrix" für solche kontinuierliche Matrizen zu formulieren versucht, und das muß man, weil sie in der Vertauschungsrelation

$$pq - qp = \frac{h}{2\pi i}1 \tag{1}$$

vorkommt. Man hätte dann als Einheitsmatrix eine Funktion $f(nm)$ zu betrachten, die für $n \neq m$ verschwindet, für $m = n$ aber so unendlich wird, daß die Integrale $\int f(nk)\,dk$ und $\int f(kn)\,dk$ gleich 1 werden; denn dann wäre

$$qf = \left(\int q(nk) f(km)\,dk\right) = (q(nm)) = q,$$

und ebenso $fq = q$. Es ist klar, daß das Operieren mit solchen uneigentlichen Funktionen nicht bequem ist.

Um diese Schwierigkeit zu umgehen, hat man zunächst einen Weg eingeschlagen, zu dem man auch von ganz anderen Überlegungen her geführt wird.

In der klassischen Mechanik ist bekanntlich die Theorie der Schwingungen eines Systems eng verknüpft mit der Theorie der quadratischen Formen. Schwingungen treten nämlich immer dann auf, wenn die potentielle Energie eine quadratische Form der Variabeln ist, die niemals ihr Vorzeichen wechselt („definit" ist), z. B. bei zwei Variabeln x, y:

$$U = \tfrac{1}{2}(a_{11} x^2 + 2 a_{12} xy + a_{22} y^2).$$

Man erhält dann die Schwingungen am einfachsten, indem man diese Form auf eine Summe von Quadraten transformiert mit Hilfe der linearen Substitution:

$$x = h_{11}\xi + h_{12}\eta$$
$$y = h_{21}\xi + h_{22}\eta.$$

Dabei wird man aber zu erreichen suchen, daß die kinetische Energie

$$T = \frac{m}{2}(\dot{x}^2 + \dot{y}^2),$$

die schon eine Quadratsumme ist, diese Eigenschaft behält und in

$$T = \frac{m}{2}(\dot{\xi} + \dot{\eta}^2)$$

übergeht. Da sich die Geschwindigkeiten wie die Koordinaten

transformieren, so wird man also von der linearen Transformation fordern, daß sie die Bedingung

$$x^2 + y^2 = \xi^2 + \eta^2$$

erfüllt.

Eine solche Transformation heißt „orthogonal"; sie entspricht geometrisch in der xy-Ebene einer Drehung des Koordinatensystems um den Nullpunkt, denn für diese ist die Entfernung r oder $r^2 = x^2 + y^2 = \xi^2 + \eta^2$, tatsächlich invariant.

Nun stellt eine Gleichung

$$a_{11} x^2 + 2 a_{12} x y + a_{22} y^2 = 2 U = \text{konst.}$$

mit definiter linker Seite eine Ellipse mit dem Nullpunkt als Zentrum dar. Diese hat stets zwei Hauptachsen a, b; wählt man also diese als ξ, η-Achsen, so lautet die Ellipsengleichung $\frac{\xi^2}{a^2} + \frac{\eta^2}{b^2} = 1$ und man hat die gewünschte Darstellung

$$2 U = k_1 \xi^2 + k_2 \eta^2 \qquad \text{mit} \qquad \begin{cases} a^2 = \dfrac{2U}{k_1}, \\ b^2 = \dfrac{2U}{k_2}. \end{cases}$$

Dann lauten die Bewegungsgleichungen

$$m\ddot{\xi} + k_1 \xi = 0, \qquad m\ddot{\eta} + k_2 \eta = 0;$$

das sind zwei Schwingungen mit den Frequenzen

$$\nu_1 = \frac{1}{2\pi}\sqrt{\frac{k_1}{m}} = \frac{1}{2\pi a}\sqrt{\frac{2U}{m}}, \qquad \nu_2 = \frac{1}{2\pi}\sqrt{\frac{k_2}{m}} = \frac{1}{2\pi b}\sqrt{\frac{2U}{m}}.$$

Ganz Entsprechendes gilt für beliebig viele Freiheitsgrade.

Man hat nun früher versucht, zur Deutung der Linienspektren mechanische Systeme zu ersinnen, die gerade die beobachteten Linien als Eigenschwingungen haben; aber diese Versuche haben niemals zu brauchbaren Ergebnissen geführt, nämlich schwingenden Gebilden, die aus den uns bekannten Elementarteilchen (Elektronen, Kerne) nach den uns bekannten Gesetzen oder wenigstens nach vernünftigen Modifikationen dieser Gesetze aufgebaut sind.

Unsere neue Theorie aber erlaubt, den alten Zusammenhang zwischen den Hauptachsen einer quadratischen Form und den Schwingungen in gewisser Weise wieder herzustellen; nur muß man statt der beobachtbaren Frequenzen die Termwerte oder Energieniveaus nehmen. Diese erweisen sich als die reziproken Hauptachsen einer gewissen HERMITEschen Form, die Frequenzen entstehen nachher aus ihnen durch Differenzbildung.

Zu jeder Matrix $\boldsymbol{a} = (a(n\,m))$ gehört eine bilineare Form

$$A(x\,y) = \sum_{n\,m} a(n\,m)\,x_n\,y_m \tag{2}$$

zweier Variabelnreihen. Ist die Matrix vom HERMITEschen Typ, d. h. ist

$$\tilde{\boldsymbol{a}} = \boldsymbol{a}^*, \qquad a(m\,n) = a^*(n\,m), \tag{3}$$

wo das Zeichen $\sim$ die Transposition (Vertauschung von Zeilen und Kolonnen) und das Zeichen * den Übergang zur konjugiert komplexen Größe bedeutet, so nimmt die Form A reelle Werte an, wenn man für die Variabeln y_n die konjugiert komplexen Werte von x_n setzt:

$$A(x\,x^*) = \sum_{n\,m} a(n\,m)\,x_n\,x_m{}^* \tag{4}$$

ist reell.

Es sei an die leicht zu beweisende Rechenregel $(\widetilde{\boldsymbol{a}\,\boldsymbol{b}}) = \tilde{\boldsymbol{b}}\,\tilde{\boldsymbol{a}}$ erinnert. Wir unterwerfen die x_n einer linearen Transformation

$$x_n = \sum_l v(l\,n)\,y_l \tag{5}$$

mit der (komplexen) Matrix $\boldsymbol{v} = (v(l\,n))$. Dann geht die Form A über in:

$$A(x\,x^*) = B(y\,y^*) = \sum_{n\,m} b(n\,m)\,y_n\,y_m^*$$

mit

$$b(n\,m) = \sum_{k\,l} v(n\,k)\,a(k\,l)\,v^*(m\,l),$$

oder in Matrizenschreibweise

$$\boldsymbol{b} = \boldsymbol{v}\,\boldsymbol{a}\,\tilde{\boldsymbol{v}}^*. \tag{6}$$

Man sagt, die Matrix $\boldsymbol{b}$ gehe durch die Transformation $\boldsymbol{v}$ aus $\boldsymbol{a}$ hervor. Die Matrix $\boldsymbol{b}$ ist wieder vom HERMITEschen Typus, denn es gilt

$$\tilde{\boldsymbol{b}} = \boldsymbol{v}^*\,\tilde{\boldsymbol{a}}\,\tilde{\boldsymbol{v}} = \boldsymbol{v}^*\,\boldsymbol{a}^*\,\tilde{\boldsymbol{v}} = \boldsymbol{b}^*. \tag{7}$$

Wir nennen die Matrix $\boldsymbol{v}$ orthogonal, wenn die zugehörige Transformation die HERMITEsche Einheitsform

$$E(x x^*) = \sum_n x_n x_n^*$$

invariant läßt; nach dem soeben gewonnenen Resultat ist das dann und nur dann der Fall, wenn

$$\boldsymbol{v}\,\tilde{\boldsymbol{v}}^* = 1 \qquad \text{oder} \qquad \tilde{\boldsymbol{v}}^* = \boldsymbol{v}^{-1}. \tag{8}$$

Bei endlicher Variabelnzahl gelten für HERMITEsche Formen im wesentlichen dieselben Sätze wie für reelle quadratische Formen; es gibt auch hier immer eine orthogonale Hauptachsentransformation $\boldsymbol{v}$, die die Form A in eine Summe von Quadraten überführt:

$$A(x x^*) = \sum_n W_n y_n y_n^*.$$

Für die Matrizen bedeutet das: Es gibt eine Matrix $\boldsymbol{v}$, für die

$$\boldsymbol{v}\,\tilde{\boldsymbol{v}}^* = 1 \qquad \text{und} \qquad \boldsymbol{v}\,\boldsymbol{a}\,\tilde{\boldsymbol{v}}^* = \boldsymbol{v}\,\boldsymbol{a}\,\boldsymbol{v}^{-1} = \boldsymbol{W}, \tag{9}$$

wo $\boldsymbol{W} = (W_n \delta_{mn})$ eine Diagonalmatrix ist.

Bei unendlichen Matrizen gilt in allen bisher untersuchten Fällen ein analoger Satz; nur kann es vorkommen, daß rechter Hand der Index n außer einer Reihe diskreter Zahlen auch einen kontinuierlichen Wertebereich durchläuft, dem in den Formeln Integralbestandteile entsprechen.

Die Größen W_n heißen „Eigenwerte“, ihre Gesamtheit ist das „mathematische“ Spektrum der Form, bestehend aus „Punkt“- und „Strecken“-Spektrum. Dieses ist, wie wir schon sagten und sogleich zeigen werden, mit dem „Termspektrum“ der Physik identisch, während das „Frequenzspektrum“ durch Differenzbildung daraus entsteht. Diese Hauptachsentransformation liefert uns nun unmittelbar die Lösung des dynamischen Problems, das wir folgendermaßen formulieren können: Gegeben sei irgendein System von Koordinaten und Impulsen $\boldsymbol{q}_k^0, \boldsymbol{p}_k^0$, die die Vertauschungsrelationen (1) erfüllen (z. B. die eines Systems ungekoppelter Resonatoren). Es soll eine Transformation $(\boldsymbol{q}_k^0, \boldsymbol{p}_k^0) \rightarrow (\boldsymbol{q}_k, \boldsymbol{p}_k)$ gefunden werden, welche diese Vertauschungsrelationen (1) invariant läßt und zugleich die Energie in eine Diagonalmatrix überführt.

Nach obigem Satz gibt es eine orthogonale Matrix S, für die also

$$S \tilde{S}^* = 1, \qquad \tilde{S}^* S = 1$$

ist, von der Art, daß durch die Transformation

$$\left.\begin{aligned} p_k &= S p_k^0 \tilde{S}^* = S p_k^0 S^{-1}, \\ q_k &= S q_k^0 \tilde{S}^* = S q_k^0 S^{-1} \end{aligned}\right\} \tag{10}$$

1. der HERMITEsche Charakter von p_k^0, q_k^0 auch für die p_k, q_k erhalten bleibt,

2. die Vertauschungsrelationen invariant sind und

3. die Energie in eine Diagonalmatrix

$$H(pq) = S H(p^0 q^0) S^{-1} = W \tag{11}$$

übergeführt wird.

Hierzu ist aber die wichtige Ergänzung zu machen, daß die transformierende Matrix und die Reihe der W_n-Werte kontinuierliche Anteile haben können. Für eine gewisse Klasse unendlicher Matrizen, die zu sogenannten „beschränkten Formen" gehören, ist das von HILBERT und HELLINGER bewiesen worden. Wir werden dasselbe erst recht für unsere Matrizen erwarten müssen, die im allgemeinen die Bedingung der „Beschränktheit" nicht erfüllen. Auf diese Weise gelangt man ganz von selbst zu kontinuierlichen Reihen von Energiewerten W_n oder Termen $\frac{1}{h} W_n$. Es gibt dann offenbar drei Arten von Elementen in den Koordinatenmatrizen:

1. Solche, deren n, m beide zur diskreten Folge der W_n-Werte gehören; diese korrespondieren mit Übergängen zwischen periodischen Bahnen und liefern das Linienspektrum.

2. Solche, deren n der diskreten Folge und deren m zur kontinuierlichen Folge der W_n-Werte gehören, oder umgekehrt; diese korrespondieren mit Sprüngen zwischen einer periodischen und aperiodischen Bahn und liefern jene bekannten kontinuierlichen Spektra, die sich an die Seriengrenzen anschließen.

3. Solche, deren n, m beide zur kontinuierlichen W_n-Folge gehören; diese korrespondieren mit Sprüngen zwischen zwei aperiodischen Bahnen und liefern das eigentliche kontinuierliche Spektrum.

Die wirkliche mathematische Durchrechnung der kontinuierlichen Spektren auf Grund dieser Überlegung ist aber wohl ausgeschlossen, zum Teil wegen der Kompliziertheit des Verfahrens, vor allem aber wegen der dabei auftretenden Konvergenzschwierigkeiten.

Die Integrale sind uneigentlich oder gar divergent. Das hängt damit zusammen, daß aperiodische Bewegungen sich im Unendlichen asymptotisch der gradlinig-gleichförmigen Bewegung nähern; diese hat aber offenbar überhaupt keine Periode und stellt den Fall höchster Singularität dar, der sich jeder Matrizendarstellung, auch der durch kontinuierliche Matrizen, widersetzt.

20. Vorlesung.

Ersetzung der Matrizenrechnung durch die allgemeine Operatorenrechnung zur besseren Beherrschung aperiodischer Bewegungen. — Schlußbemerkungen.

Daher muß man hier zu einem anderen Verfahren greifen, das N. WIENER und ich in letzter Zeit entwickelt haben. Wir können hier nur den Grundgedanken andeuten. Wir haben oben zu jeder Matrix eine HERMITEsche Form zugeordnet; wir können ihr ebenso eine lineare Transformation zuordnen, wie wir es oben beim Transformieren der Form schon getan haben, als wir schrieben:

$$x_n = \sum_l v(l\,n)\,y_l. \tag{1}$$

Dann ist das Matrizenprodukt die Aufeinanderfolge zweier solcher Transformationen:

$$x_n = \sum_k q(n\,k)\,y_k, \qquad y_k = \sum_m p(k\,m)\,z_m$$

geben

$$x_n = \sum_m q\,p(n\,m)\,z_m, \tag{2}$$

mit

$$q\,p(n\,m) = \sum_k q(n\,k)\,p(k\,m).$$

Hier erscheint also die Matrix nicht als eine „Größe“ (oder ein „Größensystem“), sondern als ein „Operator“, der aus einer unendlichen Größenreihe $y_1, y_2, \ldots$ eine andere $x_1, x_2, \ldots$ erzeugt. Welche physikalische Bedeutung diese Größen haben, ist allerdings noch recht dunkel.

Man kann also statt eines Matrizenkalküls einen Operatorkalkül gebrauchen, und dies wird fruchtbar, wenn man der Sache folgende Wendung gibt:

Eine unendliche Größenreihe $x_1, x_2, \ldots$ definiert eine stetige Funktion, z. B. in der Weise, daß man die x_n als Koeffizienten einer Fourierschen Reihe auffaßt. Es ist vorteilhaft, mit dieser Funktion, statt mit den Koeffizienten zu operieren, weil man dann den ganzen Apparat der Analysis zur Verfügung hat und an Stelle von unendlich vielen Gleichungen für unendlich viele Unbekannte gewöhnliche Differential- oder Integralgleichungen setzen kann, deren Lösungen unter Umständen auch dann existieren und angegeben werden können, wenn die ursprüngliche Reihendarstellung versagt.

Hier werden wir natürlich nicht gerade Fouriersche Reihen, sondern allgemeinere trigonometrische Reihen der Form

$$x(t) = \sum_n x_n e^{\frac{2\pi i}{h} W_n t} \tag{3}$$

benutzen. Aus der Funktion $x(t)$ bestimmen sich dann die Koeffizienten x_n durch einen Mittelungsprozeß:

$$x_n = \lim_{T\to\infty} \frac{1}{2T} \int_{-T}^{T} x(s)\, e^{-\frac{2\pi i}{h} W_n s}\, ds. \tag{4}$$

An Stelle der Matrix $q = (q(mn))$ benützen wir die Funktion zweier Variabler

$$q(t, s) = \sum_{mn} q_{mn}\, e^{\frac{2\pi i}{h}(W_m t - W_n s)} \tag{5}$$

bzw. den daraus gebildeten Mittelwert-Operator

$$q = \left(\lim_{T\to\infty} \frac{1}{2T} \int_{-T}^{T} ds\, q(t, s) \ldots \right). \tag{6}$$

Dann kann man leicht zeigen, daß dem Matrizenprodukt das Operatorenprodukt entspricht, d. h. die aufeinander folgende Anwendung der Operatoren.

Man kann nun aber von einer expliziten Darstellung des Operators überhaupt absehen und allgemein *lineare Operatoren* ins Auge fassen, d. h. solche, für die die leicht zu verstehende Formel

$$q\big(x(t) + y(t)\big) = q\big(x(t)\big) + q\big(y(t)\big)$$

gilt. Dann ist z. B. auch die Multiplikation mit einer Funktion von t, die Differentiation oder die Integration nach t ein Operator. Wichtig ist besonders der Differentialoperator $D = \frac{d}{dt}$. Unter Umständen läßt sich einem Operator q eine Matrix zuordnen; diese wird man bei Zulassung kontinuierlicher Energiefolgen nicht nach irgendwelchen Indizes m, n, sondern nach den Energiewerten selbst ordnen. Die Definition des Elements der Matrix, die zum Operator q gehört, ist dann:

$$q(V, W) = \lim_{T \to \infty} \frac{1}{2T} \int_{-T}^{T} e^{-\frac{2\pi i}{h} V t}\, q\, e^{\frac{2\pi i}{h} W t}\, dt. \tag{7}$$

In vielen Fällen existiert diese Matrix nicht, wohl aber die „Spaltensumme"

$$q(t, W) = e^{-\frac{2\pi i}{h} W t}\, q\, e^{\frac{2\pi i}{h} W t}. \tag{8}$$

So wird z. B. für den Operator D:

$$q(V, W) = \lim_{T \to \infty} \frac{1}{2T} \int_{-T}^{T} \frac{2\pi i}{h} W e^{\frac{2\pi i}{h}(W - V)t}\, dt = \begin{cases} \frac{2\pi i}{h} W \text{ für } V = W, \\ 0 \text{ sonst,} \end{cases}$$

existiert also nicht als stetige Funktion; wenn die W-Werte diskret sind, so ist es die Diagonalmatrix $(W_n \delta_{nm})$. Aber immer existiert die Spaltensumme

$$q(t, W) = \frac{2\pi i}{h} W.$$

Hieran sieht man, daß diese Operatormethode singuläre Fälle zu fassen erlaubt, wo die Matrizendarstellung versagt.

Ein näheres Eingehen auf die Methode ist hier nicht möglich. Es konnte gezeigt werden, daß im Falle des harmonischen Oszillators dasselbe Resultat herauskommt, das die Matrizenrechnung ergibt. Darüber hinaus konnte aber auch eine Darstellung der geradlinig-gleichförmigen Bewegung gegeben werden, bei der die Matrizenrechnung völlig versagt. Unabhängig hat

Dirac eine ähnliche Methode entwickelt und ziemlich weit ausgebaut.

Zum Schluß möchte ich noch einige allgemeine Bemerkungen anfügen.

Die erste betrifft die Frage, ob die Formulierung der physikalischen Gesetze in der neuen Form eine „anschauliche" Interpretation erlaubt, ob die Vorgänge in der Welt der Atome in Raum und Zeit vorgestellt werden können. Eine scharfe Antwort hierauf wird erst gegeben werden können, wenn man die Gesamtheit aller Folgerungen der Theorie überblicken, vielleicht neuen Prinzipien entdeckt haben wird. Aber schon jetzt scheint das sicher, daß die üblichen Vorstellungen von Bewegungen materieller Teilchen in Raum und Zeit mit dem Charakter der neuen Gesetze in Strenge unvereinbar sind.

Denken wir etwa an das Wasserstoffatom; die klassische Theorie gibt hier Bahnen des Elektrons für die einzelnen Zustände an und läßt auch die Frage nach dem Ort des Elektrons in einem gegebenen Augenblick als sinnvoll erscheinen. In der neuen Theorie kann man zwar die Energie und das Impulsmoment eines Zustandes angeben, aber schon jede weitere Beschreibung dieses Zustandes als geometrische Bahn scheint unmöglich und erst recht die Fixierung des momentanen Orts des Elektrons. Es gibt überhaupt keinen Raumpunkt und Zeitpunkt im gewöhnlichen Sinne; diese Begriffe werden erst nachträglich in Grenzfällen wieder gewonnen.

Andererseits scheint mir der Gebrauch des Wortes „Bahn", oder gar „Ellipse", „Hyperbel" u. dergl. in der neuen Theorie durchaus berechtigt, wenn man sich nur darauf einigt, etwas Vernünftiges darunter zu verstehen, nämlich solche Quantenvorgänge, die im Grenzfall in die klassisch vorgestellten „Bahnen" oder speziell „Ellipsen", „Hyperbeln" übergehen. Man hat damit nicht nur einen bequemen Sprachgebrauch, sondern bringt einen wirklichen Tatbestand zum Ausdruck: Die Welt unserer Anschauung ist in ihrer logischen Struktur enger, spezieller als die Welt der physikalischen Dinge; unser Vorstellungsvermögen ist nur einem Grenzfall der möglichen physikalischen Prozesse angepaßt. Diese philosophische Ansicht ist nicht neu; sie ist der immanente Leitgedanke der Naturforschung seit Kopernikus und ist zuletzt im Falle der Relativitätstheorie so deutlich in Erscheinung getreten, daß die Philosophie sich zur Stellungnahme gezwungen sah. Hier in der Quantentheorie tritt dieser Leitgedanke noch wesentlich schärfer hervor. Aber die Wucht der dahinter stehenden Tatsachen ist in diesem Falle so ungeheuer groß, daß eine grundsätzliche Ablehnung der neuen Prinzipien viel schwerer erscheint, als es damals bei der Relativitätstheorie war.

Wenn man geneigt ist, die Hoffnung zu hegen, daß die hier dargelegte Theorie die Hauptzüge der Atomstruktur trifft, so darf man doch andererseits nicht vergessen, daß bezüglich der Lösung der Quantenrätsel damit nur ein erster Schritt getan ist. Unsere Theorie liefert ja nur die möglichen Zustände eines Systems. Sie sagt nichts darüber aus, wann ein System in einem bestimmten Zustande ist; sie gibt höchstens Wahrscheinlichkeiten für Übergänge. Aber die Behauptung, ein System ist jetzt und hier in einem bestimmten Zustande, wird doch wohl einen Sinn haben. Unsere Ansätze erlauben vorläufig nicht, diesen zu formulieren. Ebenso liegt es mit dem Problem der Lichtquanten. Hier ist durch den Compton-Effekt und durch die daran anschließenden Versuche von Bothe und Geiger, Compton und Simon gezeigt worden, daß Energie und Impuls des Lichts tatsächlich wie bei einem Geschoß von Atom zu Atom fliegen. Ebenso sicher ist aber auch die Existenz der Interferenz, die Tatsache, daß Licht zu Licht gefügt Dunkelheit geben kann. Wie dies beides zu vereinigen ist, und ob eine Matrizen-Darstellung des elektromagnetischen Feldes da weiterführt, ist noch nicht zu übersehen. Ein Versuch, die Statistik des von Strahlung erfüllten Hohlraums mit der neuen Methode zu behandeln, ist von uns unternommen worden mit dem günstigen Erfolge, daß einige schlimme Widersprüche der klassischen Theorie in Wegfall kommen.

Beim Ausbau der neuen Quantentheorie wird der Physiker nicht die Hilfe des Mathematikers entbehren können. Das enge Bündnis zwischen Mathematik und Physik, das die besten Perioden beider Wissenschaften beherrscht hat, wird hoffentlich wiederkehren und die mystischen Nebel verscheuchen, die in den letzten Jahren über der Physik gelegen haben. Nur darf die Tätigkeit der Mathematiker nicht so weit gehen, wie es in der Relativitätstheorie geschehen ist, die Klarheit ihrer eignen

Gedankengänge durch Aufrichtung eines unübersehbaren Gebäudes reiner Spekulation zu verhüllen. Ein einzelner Kristall mag klar sein; ein Splitterhaufen solcher Kristalle ist doch undurchsichtig. Immer muß der engste Anschluß an die Welt der Tatsachen der Leitgedanke auch des theoretisch forschenden Physikers sein. Nur dann haben die Formeln Leben und erzeugen neues Leben.

2. Teil.

Die Gittertheorie des festen Zustandes.

1. Vorlesung.

Kontinuumstheorie und Gittertheorie. Klassifikation der Kristalleigenschaften. — Gittergeometrie.

Die Theorie, welche ich in diesen Vorlesungen entwickeln will, ist ein Teil der Atomtheorie der Materie, deren allgemeine Grundlagen ich in der andern Vorlesung (Die Struktur der Atome) dargestellt habe. Aber diese Anwendung der allgemeinen Gedanken kann selbständig und unabhängig behandelt werden; sie ist überdies von speziellem Charakter und wird nur die interessieren, die sich mit den Eigenschaften der festen Körper, insbesondere der Kristalle beschäftigen. Darum ist es wohl gerechtfertigt, diesen Teil der Atomtheorie gesondert darzustellen. Eine allgemeine Einleitung, in der die Bedeutung der Atomtheorie für die Erkenntnis der Naturgesetze von einem philosophischen Standpunkt aus behandelt wird, habe ich am Beginn der andern Vorlesung gegeben; hier will ich gleich in medias res gehen.

Wir besitzen eine befriedigende Theorie der Gase und der festen Körper, aber nicht der Flüssigkeiten. Den Grund dafür erkennt man, wenn man die Anhäufung der Atome von zwei Gesichtspunkten aus betrachtet, vom Standpunkt der Dichte und dem der Regelmäßigkeit. Wir beherrschen mit unsern mathematischen Methoden zwei Grenzfälle: den Fall äußerst geringer Dichte (aber beliebiger Unregelmäßigkeit), das sind die idealen Gase; und den Fall absoluter Regelmäßigkeit (aber beliebiger Dichte), das sind die idealen festen Körper, die Kristalle.

Dagegen sind wir nicht imstande, den Fall unregelmäßig und dicht gelagerter Atome, also die Flüssigkeiten, theoretisch zu beherrschen, teils weil hierzu eine sehr genaue Kenntnis der Atomstruktur nötig wäre, die wir noch nicht besitzen, teils weil die mathematischen Probleme, auf die man hier stößt, zu verwickelt sind.

Wir haben es hier mit den festen Körpern zu tun und gehen aus von dem idealen, absolut regelmäßigen festen Körper, d. i. dem Kristall, und zwar streng genommen beim Nullpunkt der absoluten Temperatur, wo keine Störungen der regelmäßigen Lagerung der Atome durch Wärmebewegung statthaben. Von hier aus können wir dann zu komplizierteren Fällen vorschreiten, zunächst durch Berücksichtigung der Wärmebewegung, dann von andern Störungen. Doch werden wir nicht sehr weit in dieser Richtung vordringen, sondern die Theorie der kristallinischen Gemenge und der amorphen festen Körper, die auch als sehr zähe Flüssigkeiten angesehen werden können, beiseite lassen.

Wir setzen zunächst voraus, daß die Struktur der Atome und die zwischen ihnen wirkenden Kräfte bekannt sind; die Aufgabe ist, daraus die Struktur und die Eigenschaften der aus den Atomen aufgebauten Kristalle theoretisch zu berechnen. Tatsächlich ist uns die Atomstruktur keineswegs hinreichend bekannt, um diese Aufgabe wirklich zu lösen; daher werden wir die gewonnenen Beziehungen zwischen Atomstruktur und Kristallbau umgekehrt benützen, um aus den bekannten Eigenschaften der Kristalle etwas über die Atome zu erfahren.

Alle Veränderungen, die wir mit einem Körper vornehmen, können zurückgeführt werden auf *homogene Veränderungen,* d. h. auf solche, bei denen jede Stelle des Körpers in gleicher Weise beeinflußt wird; denn jede Funktion der Koordinaten kann in hinreichend kleinen Bereichen des Raumes als linear angesehen werden.

Wir wollen nun zunächst die Eigenschaften eines Kristalls vom Standpunkt der makroskopischen, kontinuierlichen Auffassung klassifizieren. Dabei wollen wir 3 Eigenschaften ins Auge fassen: 1. mechanische, 2. elektrische, 3. thermische; dazu kämen noch die magnetischen Eigenschaften, doch wollen wir sie als weniger wichtig hier beiseite lassen.

Jede dieser Eigenschaften wird durch zwei Arten von Größen bezeichnet, *extensive Größen* und *intensive Größen*; das folgende Schema soll erläutern, wie das gemeint ist.

Wir haben zwei konzentrische Dreiecke; in den Ecken des inneren stehen die extensiven Größen (Deformation, elektrische Polarisation, Temperatur), den Ecken des äußeren die intensiven Größen (Spannung, elektrisches Feld, Energie); dazwischen sind die Erscheinungen angeschrieben, die durch die Wechselwirkung je zweier solcher Größen zustande kommen, also zunächst die primären Erscheinungen: Elastizität als Wechselwirkung zwischen Spannung und Deformation, dielektrische Erscheinungen als Wechselwirkung zwischen Feld und Moment, spezifische Wärme als Wechselwirkung zwischen Temperatur und Energieinhalt; sodann die sekundären Erscheinungen mit ihren Umkehrungen: Thermische Ausdehnung und Deformationswärme, Piezoelektrizität und Elektrostriktion, Pyroelektrizität und elektrocalorischer Effekt.

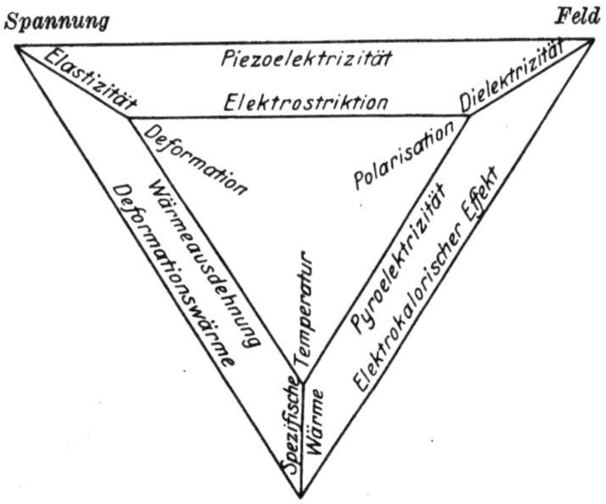

Abb. 17. Schema der Kristalleigenschaften bei homogener Deformation.

Dies sind die Erscheinungen, die durch die mathematische Theorie der Kristalle erklärt werden sollen. Hierbei haben wir wieder zwei Stufen der Erklärung zu unterscheiden.

Die formalen Zusammenhänge, wie sie in dem Schema dargestellt sind, können abgeleitet werden, ohne daß die exakten Gesetze, nach denen die Atome aufeinander wirken, bekannt sind. Es handelt sich dabei um kleine Verschiebungen der Atome; man kann also die Funktionen, welche die Atomkräfte darstellen, nach Potenzen der kleinen Verrückungen entwickeln und erhält dann die physikalischen Vorgänge ausgedrückt durch die Koeffizienten dieser Entwicklungen, welche als unbekannte

Parameter in die Formeln eingehen und aus den Beobachtungen bestimmt werden können. Ich will dies die formale Kristalltheorie nennen und einen kurzen Überblick darüber geben, hauptsächlich um zu zeigen, an welchen Punkten die atomare Theorie weiterführt als die ältere Kontinuumstheorie.

Die zweite und wichtigere Aufgabe wird sein, die aus andern Gebieten der Physik mehr oder weniger gut bekannten Eigenschaften der Atome und der zwischen ihnen wirkenden Kräfte wirklich zu benutzen, um jene Koeffizienten (z. B. die Konstanten der Elastizität, der Piezoelektrizität) wirklich zu berechnen. Diese wichtige Aufgabe konnte bisher nur bei einer kleinen Klasse von Kristallen in Angriff genommen werden, nämlich bei denen, die aus Ionen aufgebaut sind; denn hier überwiegen die von den Ionenladungen ausgehenden elektrischen Kräfte, die dem wohlbekannten Coulombschen Gesetz folgen, alle andern weniger gut bekannten Wirkungen so sehr, daß die letzteren als relativ kleine Korrektionen nur wenig ins Gewicht fallen. Die durch diesen Ansatz gewonnenen Resultate werde ich ebenfalls darstellen.

Wir wenden uns nun zu der mathematischen Beschreibung des Gitters.

Jedes Gitter kann man dadurch entstanden denken, daß eine Gruppe von Atomen, die wir als „Basis“ bezeichnen, nach 3 Richtungen des Raumes Translationen erfahren. Diese Translationen werden gegeben durch die Vektoren $\mathfrak{a}_1$, $\mathfrak{a}_2$, $\mathfrak{a}_3$; sie bestimmen das elementare Parallelepipedon oder die „Zelle“ des Gitters, deren Rauminhalt wir mit $\varDelta = \delta^3$ bezeichnen:

$$\begin{vmatrix} \mathfrak{a}_{1x} & \mathfrak{a}_{1y} & \mathfrak{a}_{1z} \\ \mathfrak{a}_{2x} & \mathfrak{a}_{2y} & \mathfrak{a}_{2z} \\ \mathfrak{a}_{3x} & \mathfrak{a}_{3y} & \mathfrak{a}_{3z} \end{vmatrix} = \delta^3 = \varDelta . \tag{1}$$

δ ist ein Maß für die linearen Dimensionen des Gitters; wir wollen δ kurz „Gitterkonstante“ nennen.

Irgendein Punkt einer Zelle, dargestellt durch einen Vektor $\mathfrak{r}$ von einem festen Punkte O aus, geht durch die Translation des Gitters über in unendlich viele äquivalente Punkte

$$\mathfrak{r} + \mathfrak{r}^l, \quad \text{wo} \quad \mathfrak{r}^l = l_1 \mathfrak{a}_1 + l_2 \mathfrak{a}_2 + l_3 \mathfrak{a}_3 ;$$

hier sind l_1, l_2, l_3 ganze Zahlen, die wir zusammenfassend durch einne (oberen) Index l, den „Zellenindex“, kennzeichnen.

Die Lage der Atome der Basis kennzeichnen wir durch die Vekoren $\mathfrak{r}_1, \mathfrak{r}_2, \ldots, \mathfrak{r}_k, \ldots, \mathfrak{r}_s$; $k=1, 2, \ldots, s$. s heißt der „Basisindex“. Jeder Gitterpunkt wird dann durch

$$\mathfrak{r}_k^l = \mathfrak{r}_k + \mathfrak{r}^l \tag{2}$$

dargestellt; seine rechtwinkligen Koordinaten sind

$$x_k^l = x_k + l_1 \mathfrak{a}_{1x} + l_2 \mathfrak{a}_{2y} + l_3 \mathfrak{a}_{3z}$$
$$\cdots\cdots\cdots\cdots\cdots$$

Für den Vektor von irgendeinem Punkte k' der Basis zu einem beliebigen Punkte k der Zelle l schreiben wir

$$\mathfrak{r}_{kk'}^l = \mathfrak{r}_k^l - \mathfrak{r}_{k'} = \mathfrak{r}_k - \mathfrak{r}_{k'} + \mathfrak{r}^l; \tag{3}$$

dann läßt sich der von einem beliebigen Gitterpunkt k', l' zu einem beliebigen andern k, l gezogenen Vektor so schreiben:

$$\mathfrak{r}_k^l - \mathfrak{r}_{k'}^{l'} = \mathfrak{r}_{kk'}^{l-l'}. \tag{4}$$

Die Massen der Atome (von denen auch einige gleich sein können) seien $m_1, m_2, \ldots, m_s$; die Gesamtmasse der Basis sei

$$m_1 + m_2 + \cdots + m_s = m$$

und die Dichte

$$\varrho = \frac{m}{\varDelta}.$$

Wir werden 3 Arten von Summationen zu unterscheiden haben:

1. Summen über den Basisindex $k=1, 2, \ldots, s$ bezeichnen wir mit $\sum\limits_k$ bzw. $\sum\limits_{kk'}$ usw.

2. Summen über Glieder, die durch zyklische Vertauschung der rechtwinkligen Koordinaten auseinander hervorgehen, bezeichnen wir mit $\sum\limits_x$, $\sum\limits_{xy}$ usw. Also z. B. für das skalare Produkt zweier Vektoren:

$$\mathfrak{A}\mathfrak{B} = \mathfrak{A}_x \mathfrak{B}_x + \mathfrak{A}_y \mathfrak{B}_y + \mathfrak{A}_z \mathfrak{B}_z = \sum_x \mathfrak{A}_x \mathfrak{B}_x.$$

Summen über den Zellenindex l schreiben wir

$$\underset{l}{\mathrm{S}} \text{ bzw. } \underset{ll'}{\mathrm{S}} \text{ usw.}$$

Dabei sollen im allgemeinen l_1, l_2, l_3 von $-\infty$ bis $+\infty$ laufen. Beschränkungen des Laufbereichs schreiben wir als Ungleichungen, z. B. $\underset{l_1 \geqq 0}{\mathrm{S}}$.

2. Vorlesung.

Die Molekularkräfte. Polarisierbarkeit der Atome. Potentielle Energie und innere Kräfte. Homogene Verzerrungen. Die Gleichgewichtsbedingungen. Beispiel der regulären Ionengitter.

Nunmehr gelangen wir zur Formulierung unserer Annahmen über die Kräfte zwischen den Atomen.

Wir wollen meist annehmen, daß zwischen je zwei Atomen des Gitters Zentralkräfte wirken. Aber in manchen Fällen ist dieser Ansatz nicht ausreichend; um ein Beispiel zu geben, betrachten wir drei Atome, deren Elektronenstruktur so locker ist, daß sie sich unter dem Einfluß ihrer Kraftfelder merklich polarisieren.

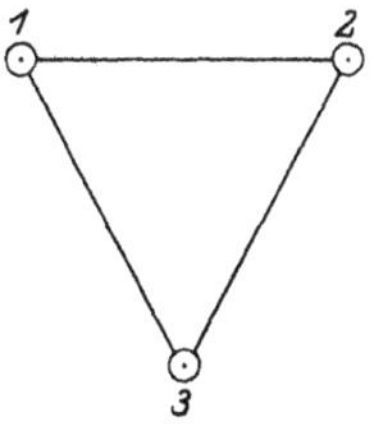

Abb. 18. Dreiatomiges Molekül.

Das dabei entstehende elektrische Moment jedes Atoms können wir gleich $\mathfrak{p} = e\,\mathfrak{u}$ setzen, indem wir uns vorstellen, daß die Ladung e sich um den Vektor $\mathfrak{u}$ verschiebt; dabei wird potentielle Energie im Atom aufgespeichert. Nehmen wir die Bindung der Ladung e an ihre Gleichgewichtslage als quasielastisch an, so ist diese Energie proportional $\mathfrak{u}^2$, also auch proportional $\mathfrak{p}^2$; wir setzen sie gleich $\frac{\mathfrak{p}^2}{2\alpha}$. Wenn nun $\mathfrak{E}$ das die Polarisation erzeugende äußere Feld ist, so leistet es bei der Verschiebung der Ladung e um $\mathfrak{u}$ die Arbeit $e\,\mathfrak{u}\,\mathfrak{E} = \mathfrak{p}\,\mathfrak{E}$. Also ist die gesamte Energie des polarisierbaren Atoms im Felde $\mathfrak{E}$:

$$\mathfrak{p}\,\mathfrak{E} + \frac{\mathfrak{p}^2}{2\alpha}. \tag{1}$$

Im Falle unserer 3 Atome rührt nun das Feld $\mathfrak{E}$ von den Ladungen der andern Atome her, d. h. es ist z. B. für das Atom 3

$$\mathfrak{E}_3 = \frac{e_1\,\mathfrak{r}_{13}}{r_{13}^3} + \frac{e_2\,\mathfrak{r}_{23}}{r_{23}^3}.$$

Bezeichnen wir mit $\varphi_{12}(r), \ldots$ die Anteile der Zentralkräfte an der potentiellen Energie, so ist die gesamte potentielle Energie des Systems:

$$\left.\begin{aligned}\Phi = \varphi_{23}(r_{23}) + \varphi_{31}(r_{31}) + \varphi_{12}(r_{12}) + \mathfrak{p}_1\left(\frac{e_2\,\mathfrak{r}_{21}}{r_{21}^3} + \frac{e_3\,\mathfrak{r}_{31}}{r_{31}^3}\right)\\ + \mathfrak{p}_2\left(\frac{e_3\,\mathfrak{r}_{32}}{\mathfrak{r}_{32}^3} + \frac{e_1\,\mathfrak{r}_{12}}{\mathfrak{r}_{12}^3}\right) + \mathfrak{p}_3\left(\frac{e_1\,\mathfrak{r}_{13}}{r_{13}^3} + \frac{e_2\,\mathfrak{r}_{23}}{r_{23}^3}\right)\\ + \frac{\mathfrak{p}_1^{\,2}}{2\,\alpha_1} + \frac{\mathfrak{p}_2^{\,2}}{2\,\alpha_2} + \frac{\mathfrak{p}_3^{\,2}}{2\,\alpha_3}.\end{aligned}\right\} \quad (2)$$

Die Gleichgewichtsbedingungen fordern, daß die Ableitungen von Φ nach den Koordinaten und nach den Komponenten der $\mathfrak{p}_k$ verschwinden. Letztere Bedingungen kann man benutzen, um die $\mathfrak{p}_k$ ganz aus Φ zu eliminieren; man hat z. B.

$$\frac{\partial \Phi}{\partial \mathfrak{p}_{1x}} = \frac{e_2\,x_{21}}{r_{21}^2} + \frac{e_3\,x_{31}}{r_{31}^3} + \frac{\mathfrak{p}_{1x}}{\alpha_1} = 0, \ldots .$$

Daraus folgt

$$\mathfrak{p}_1 = -\alpha_1\left(\frac{e_2\,\mathfrak{r}_{21}}{r_{21}^3} + \frac{e_3\,\mathfrak{r}_{31}}{r_{31}^3}\right), \ldots, \quad (3)$$

und wenn man das in Φ einsetzt:

$$\left.\begin{aligned}\Phi = \varphi_{23}(r_{23}) + \varphi_{31}(r_{31}) + \varphi_{12}(r_{12}) - \frac{\alpha_1}{2}\left(\frac{e_2\,\mathfrak{r}_{21}}{r_{21}^3} + \frac{e_3\,\mathfrak{r}_{31}}{r_{31}^3}\right)^2\\ - \frac{\alpha_2}{2}\left(\frac{e_3\,\mathfrak{r}_{32}}{r_{32}^3} + \frac{e_1\,\mathfrak{r}_{12}}{r_{12}^3}\right)^2 - \frac{\alpha_3}{2}\left(\frac{e_1\,\mathfrak{r}_{13}}{r_{13}^3} + \frac{e_2\,\mathfrak{r}_{23}}{\mathfrak{r}_{23}^3}\right)^2.\end{aligned}\right\} \quad (4)$$

Dieser Ausdruck läßt sich nicht mehr additiv in Glieder zerlegen, die jeweils nur von einem der 3 Abstände r_{23}, r_{31}, r_{12} abhängen; sondern er hängt auch noch von den skalaren Produkten $(\mathfrak{r}_{21}, \mathfrak{r}_{31}), \ldots,$ d. h. von den Winkeln des Dreiecks ab. Also handelt es sich nicht mehr um Zentralkräfte. Wohl aber kann man Φ leicht so umformen, daß nur noch die Entfernungen, nicht mehr die Winkel vorkommen; denn man hat in dem Dreieck $\mathfrak{r}_{23} + \mathfrak{r}_{31} + \mathfrak{r}_{12} = 0$, woraus z. B. die Relation (Pythagoräischer Lehrsatz)

$$\mathfrak{r}_{23}^2 = \mathfrak{r}_{31}^2 + \mathfrak{r}_{12}^2 + 2\,\mathfrak{r}_{31}\,\mathfrak{r}_{12}$$

folgt, mit deren Hilfe die skalaren Produkte durch die Entfernungen ausgedrückt werden können. Man kann also stets annehmen, daß Φ die Form

$$\Phi(r_{23}, r_{31}, r_{12})$$

hat, nicht aber

$$\Phi = \varphi_{23}(r_{23}) + \varphi_{31}(r_{31}) + \varphi_{12}(r_{12}),$$

und Entsprechendes gilt allgemein für beliebig viele Punkte. Ich will gleich hier hervorheben, daß der allgemeinere Ansatz in vielen Fällen durchaus notwendig und auch in letzter Zeit von einigen meiner Schüler durchgeführt worden ist; hier aber wollen wir uns der Einfachheit halber auf Zentralkräfte beschränken.

Die Gitter der Kristalle bestehen aus ungeheuer vielen Atomen, da der Abstand zweier Atome etwa von der Größenordnung 10^{-8} cm ist; wir werden sie daher immer als unendlich ausgedehnt behandeln. Dann entstehen aber leicht bei der Berechnung der potentiellen Energie Schwierigkeiten hinsichtlich der Konvergenz der Summen, und man muß die Summationen in geschickter Weise ausführen.

Die potentielle Energie irgend zweier Atome der Arten k und k' sei $\varphi_{kk'}(r)$. Das Atom k' liege in der Basiszelle, das Atom k in der Zelle l; dann ist ihr Abstand im Gleichgewicht $\left|r_{kk'}^{l}\right|$.

Die entsprechende Energie wollen wir kurz mit

$$\varphi_{kk'}^{l} = \varphi_{kk'}\left(\left|r_{kk'}^{l}\right|\right)$$

bezeichnen.

Würden wir nun direkt die Gesamtenergie des Gitters als Doppelsumme über das unendliche Gitter bilden, so würde natürlich kein endlicher Wert herauskommen. Daher gehen wir so vor, daß wir zunächst die Energie aller Punkte des Gitters auf einen Basispunkt k'

$$\mathop{\mathrm{S}}_{l}\sum_{k}\varphi_{kk'}^{l}$$

bilden und dies über die Basis summieren; der entstehende Ausdruck

$$\varphi_0 = \mathop{\mathrm{S}}_{l}\sum_{kk'}\varphi_{kk'}^{l}$$

ist nun aber offenbar unabhängig davon, welche Zelle wir als Basis gewählt haben; ferner wird die Summe konvergieren, wenn nur die Funktionen $\varphi_{kk'}(r)$ mit r hinreichend schnell abnehmen. φ_0 bedeutet die Energie aller Atome des Gitters auf die irgendeiner Zelle. Folglich wird die Energie eines

Gitters, das aus einer großen Zahl N von Zellen besteht, mit großer Annäherung

$$\Phi_0 = \frac{N}{2}\varphi_0,$$

wobei der Faktor $\frac{1}{2}$ zugefügt ist, weil sonst die Wirkung jedes Paares von Zellen aufeinander doppelt gezählt würde. Der Ausdruck ist nur insofern ungenau, als der Einfluß der Oberfläche des in Wahrheit endlichen Kristalls bei der Summation in φ_0 nicht berücksichtigt ist; dies muß durch besondere Betrachtungen geschehen, wie ja auch die Kontinuumstheorie die Behandlung der Oberflächenenergie einem besondern Kapitel, der Capillarität, zuweist.

Die Größe Φ_0 ist eine Funktion der Komponenten der Vektoren $\mathfrak{a}_1, \mathfrak{a}_2, \mathfrak{a}_3, \mathfrak{r}_1, \mathfrak{r}_2, \ldots, \mathfrak{r}_s$:

$$\Phi_0 = \Phi_0(\mathfrak{a}_1, \ldots, \mathfrak{r}_1, \ldots, \mathfrak{r}_s);$$

sie ist natürlich orthogonal-invariant, d. h. bleibt bei Drehungen des ganzen Gitters ungeändert.

Wir betrachten jetzt eine Störung des Gleichgewichts; an jedem Gitterpunkt bringen wir eine Verrückung $\mathfrak{u}_k^l$ an und bezeichnen die relative Verrückung zweier Gitterpunkte mit

$$\mathfrak{u}_{kk'}^{ll'} = \mathfrak{u}_k^l - \mathfrak{u}_{k'}^{l'}.$$

Dann geht der Vektor $\mathfrak{r}_{kk'}^{l-l'}$ von einem Gitterpunkt zu einem andern über in

$$\bar{\mathfrak{r}}_{kk'}^{l-l'} = \mathfrak{r}_{kk'}^{l-l'} + \mathfrak{u}_{kk'}^{ll'},$$

und man hat nur die Komponenten von $\bar{\mathfrak{r}}_{kk'}^{l-l'}$ an Stelle der Koordinaten in Φ einzusetzen.

Wir wollen zunächst eine besonders einfache Klasse von Verrückungen betrachten, die wir „homogene Verzerrungen" nennen wollen. Diese bestehen darin, daß man die Bestimmungsstücke der Zelle und der Basis ein wenig ändert und mit diesen abgeänderten Größen das Gitter neu aufbaut. Man ersetze also

$$\mathfrak{a}_{1x} \quad \text{durch} \quad \bar{\mathfrak{a}}_{1x} = \mathfrak{a}_{1x} + \sum_y u_{xy}\,\mathfrak{a}_{1y}, \ldots,$$

$$x_k \quad \text{„} \quad \bar{x}_k = x_k + \mathfrak{u}_{kx} + \sum_y u_{xy}\,y_k, \ldots.$$

Hierbei ist die Deformation in zwei Teile zerlegt: einmal eine gleichförmige Verzerrung der Zelle und ihres Inhalts, gegeben durch den Tensor u_{xy}, sodann Verrückungen der einzelnen einfachen Gitter k als starrer Gebilde, gegeben durch die Vektoren $\mathfrak{u}_k$. Der erste Anteil enthält bei beliebigen u_{xy} auch Drehungen des ganzen Gitters; will man diese ausschließen, muß man $u_{xy} = u_{yx}$ fordern.

Bildet man nun die potentielle Energie $\overline{\Phi}_0$ des so deformierten Gitters, das durch $\overline{\mathfrak{a}}_1, \overline{\mathfrak{a}}_2, \overline{\mathfrak{a}}_3, \overline{\mathfrak{r}}_1, \ldots, \overline{\mathfrak{r}}_s$ bestimmt ist, so wird $\overline{\Phi}_0$ außer von den Gleichgewichtsgrößen $\mathfrak{a}_1, \mathfrak{a}_2, \mathfrak{a}_3, \mathfrak{r}_1, \ldots, \mathfrak{r}_s$ des ursprünglichen Gitters auch abhängig von dem Verrückungskomponenten $u_{xy}, \mathfrak{u}_{kx}$.

Damit Gleichgewicht besteht, müssen die Glieder 1. Ordnung der Entwicklung von $\overline{\Phi}_0$ nach diesen Verrückungen $u_{xy}, \mathfrak{u}_{yx}, \ldots$:

$$\overline{\Phi}_0 = \Phi_0 + \sum_{kx} \left(\frac{\partial \overline{\Phi}_0}{\partial \mathfrak{u}_{kx}}\right)_0 \mathfrak{u}_{kx} + \sum_{xy} \left(\frac{\partial \overline{\Phi}_0}{\partial u_{xy}}\right)_0 u_{xy} + \cdots \tag{5}$$

verschwinden; das gibt zwei Arten von Gleichungen:

$$\left.\begin{aligned} \mathfrak{K}^0_{kx} &= -\left(\frac{\partial \overline{\Phi}_0}{\partial \mathfrak{u}_{kx}}\right)_0 = 0\,, \\ K^0_{xy} &= -\left(\frac{\partial \overline{\Phi}_0}{\partial u_{xy}}\right)_0 = 0\,. \end{aligned}\right\} \tag{6}$$

Von diesen sind aber nicht alle unabhängig; denn wenn das ganze Gitter als starrer Körper verschoben wird (d. h. alle $\mathfrak{u}_k$ gleich und alle $u_{xy} = 0$) oder gedreht wird (d. h. $u_{xx} = u_{yy} = u_{zz} = 0$, $u_{yz} + u_{zy} = 0, \ldots$, alle $\mathfrak{u}_k = 0$), so muß die potentielle Energie identisch verschwinden, d. h. es gelten die Identitäten

$$\left.\begin{aligned} \sum_k \mathfrak{K}^0_{kx} &= 0, \ldots \\ K^0_{yz} &= K^0_{zy}\,. \end{aligned}\right\} \tag{7}$$

Offenbar bedeuten die Vektoren $\mathfrak{K}_k^0$ die Kräfte, die die einfachen Gitter bei homogener Verzerrung aufeinander ausüben, und K^0_{xy} die Komponenten des Spannungstensors; beide verschwinden im Gleichgewicht.

Die Anzahl dieser Gleichungen ist gerade groß genug, um die Bestimmungsstücke der Gitter $\mathfrak{a}_1, \mathfrak{a}_2, \mathfrak{a}_3, \mathfrak{r}_1, \ldots, \mathfrak{r}_s$ zu berechnen, soweit diese eine physikalische Bedeutung haben, d. h.

abgesehen von Translationen und Rotationen. Ist die Anzahl der Bestimmungsstücke durch Symmetrieeigenschaften verkleinert, so reduziert sich die Anzahl der Gleichungen im selben Maße. Bei regulären Kristallen z. B. kann man eine würfelförmige Zelle wählen; hier sind alle Gitterelemente durch die Symmetrie bestimmt, außer der Länge der Würfelkante $\delta = |\mathfrak{a}_1| = |\mathfrak{a}_2| = |\mathfrak{a}_3|$. Daher reduzieren sich die Spannungsgleichungen auf eine einzige. Diese läßt sich offenbar in der Form

$$\frac{d\Phi_0}{d\delta} = 0 \tag{8}$$

schreiben.

Als Beispiel werden wir hier und später ein Elementargesetz der Form

$$\varphi_{kk'}(r) = -\frac{a_{kk'}}{r^m} + \frac{b_{kk'}}{r^n} \qquad \begin{pmatrix} a_{kk'}, b_{kk'} > 0 \\ m < n \end{pmatrix}$$

betrachten, das aus einem (negativen) Anziehungsglied und einem (positiven) Abstoßungsglied besteht (Abb. 19).

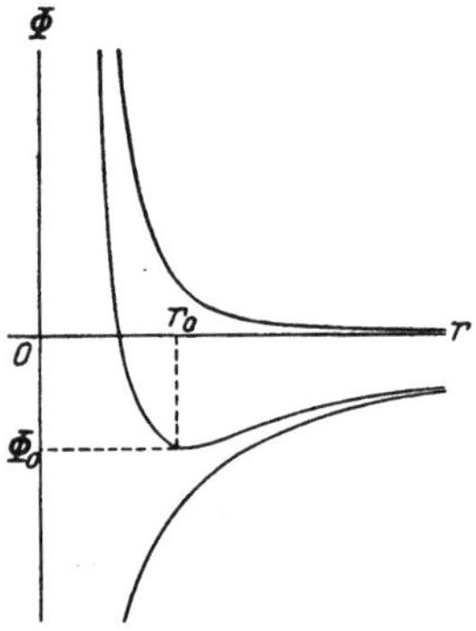

Abb. 19. Zusammensetzung der Potentiale einer anziehenden und einer abstoßenden Kraft.

Durch Summation bekommt man hieraus offenbar:

$$\Phi_0 = -\frac{A}{\delta^m} + \frac{B}{\delta^n}. \tag{9}$$

Bei Ionengittern ist z. B. $m = 1$ (COULOMBsches Potential). $n = \infty$ würde heißen, daß die Atome sich wie starre Kugeln verhalten.

Die Gleichgewichtsbedingung lautet:

$$\frac{d\Phi_0}{d\delta} = +\frac{mA}{\delta^{m+1}} - \frac{nB}{\delta^{n+1}} = 0;$$

man kann sie etwa zur Elimination der Konstanten B benützen:

$$\frac{B}{\delta_0{}^n} = \frac{m}{n}\frac{A}{\delta_0{}^m},$$

also

$$\Phi_0 = -\frac{n-m}{n}\frac{A}{\delta_0{}^m}. \tag{10}$$

3. Vorlesung.

Elimination der inneren Bewegung. Die Kompressibilität. Elastizität und HOOKEsches Gesetz. Die CAUCHY-Relationen. Dielektrische Verschiebung und Piezoelektrizität. Reststrahlfrequenzen.

Wir gehen nunmehr zu den Gliedern 2. Ordnung der potentiellen Energie über. Diese haben die Form:

$$\left.\begin{aligned}\bar{\Phi}_0 = \Phi_0 + \frac{1}{2}\Bigg\{&\sum_{kl}\sum_{xy}\left(\frac{\partial^2 \bar{\Phi}_0}{\partial \mathfrak{u}_{kx}\,\partial \mathfrak{u}_{ly}}\right)_0 \mathfrak{u}_{kx}\,\mathfrak{u}_{ly}\\ &+ 2\sum_{k}\sum_{xyz}\left(\frac{\partial^2 \bar{\Phi}_0}{\partial \mathfrak{u}_{kx}\,\partial u_{yz}}\right)_0 \mathfrak{u}_{kx}\,u_{yz}\\ &+ \sum_{xy\,\bar{x}\bar{y}}\left(\frac{\partial^2 \bar{\Phi}_0}{\partial u_{xy}\,\partial u_{\bar{x}\bar{y}}}\right)_0 u_{xy}\,u_{\bar{x}\bar{y}}\Bigg\} + \cdots\end{aligned}\right\} \tag{1}$$

In dieser Formel sind alle Effekte enthalten, die sich auf mechanische oder elektrische Störungen des Gleichgewichts beim Nullpunkt der Temperatur beziehen, also in unserm Schema der obere Teil.

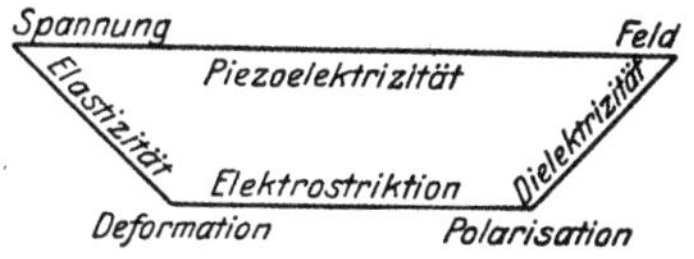

Abb. 20. Schema der elektro-mechanischen Kristallerscheinungen.

Wir wollen zunächst reguläre Kristalle ins Auge fassen und diese homogenen Dilatationen unterworfen denken, bei denen sich nur δ ändert; dann wird obige Reihe einfach

$$\bar{\Phi}_0 = \Phi_0 + \frac{1}{2}\left(\frac{d^2 \bar{\Phi}_0}{d\delta^2}\right)_0 (\delta - \delta_0)^2 + \cdots \tag{2}$$

Nun ist die Kompressibilität definiert durch

$$\varkappa = -\frac{1}{\Delta_0}\frac{\Delta - \Delta_0}{p - p_0} = -\frac{1}{\delta_0^{\,3}}\frac{\delta^3 - \delta_0^{\,3}}{p - p_0} = -\frac{3}{\delta_0}\frac{\delta - \delta_0}{p - p_0}, \tag{3}$$

wo p den Druck bedeutet; dieser ist offenbar gegeben durch

$$p - p_0 = -\frac{d\bar{\Phi}_0}{d\Delta} = -\frac{1}{3\delta_0^{\,2}}\frac{d\bar{\Phi}_0}{d\delta} = -\frac{1}{3\delta_0^{\,2}}\left(\frac{d^2\bar{\Phi}_0}{d\delta^2}\right)(\delta - \delta_0).$$

Also erhält man

$$\varkappa = \frac{9\delta_0}{\left(\frac{d^2\bar{\Phi}_0}{d\delta^2}\right)_0}. \tag{4}$$

Für das oben angegebene Kraftgesetz (Vorlesung 2, Formel (9),

$$\Phi_0 = -\frac{A}{\delta^m} + \frac{B}{\delta^n}$$

hat man

$$\frac{d^2 \overline{\Phi}_0}{d\,\delta^2} = -\frac{m(m+1)A}{\delta^{m+2}} + \frac{n(n+1)B}{\delta^{n+2}};$$

indem man hier, wie oben, B eliminiert, erhält man

$$\left(\frac{d^2 \overline{\Phi}_0}{d\,\delta^2}\right)_0 = m(n-m)\frac{A}{\delta_0^{m+2}}.$$

Daraus ergibt sich folgende Beziehung zwischen Gitterenergie und Kompressibilität, die von Grüneisen zuerst abgeleitet worden ist:

$$\Phi_0 = -\frac{9\,\delta_0^3}{n\,m}\frac{1}{\varkappa}. \tag{5}$$

Bei einatomigen Gittern aus neutralen Atomen ist $-\Phi_0$ die Sublimationswärme pro Atom, also direkt meßbar. Diese Gleichung kann also zur Abschätzung der Größe des Produkts $n\,m$ dienen; zur Bestimmung der einzelnen Faktoren n und m sind noch weitere Angaben erforderlich. Bei Ionen, wo m bekannt (gleich 1) ist, hat Φ_0 dagegen keine einfache Bedeutung; doch kann es auch hier auf direkt meßbare Größen zurückgeführt werden, worauf wir später zurückkommen (6. Vorlesung). Die Verhältnisse bei allgemeineren Verzerrungen wollen wir nur im Falle eines regulären zweiatomigen Kristalls von besonders einfachem Typus näher studieren. Ich habe diesen Typus „Diagonalgitter“ genannt, weil alle Atome der Basis auf der Würfeldiagonale der kubischen Zelle gewählt werden können. Zu diesem Typ gehören die bekannten Gitter von NaCl (Steinsatz) CsCl (Cäsiumchlorid), ZnS (Zinkblende) u. a. (S. Abb. 30, 31, 32, S. 159.) Die potentielle Energie pro Volumeneinheit hat hier die Form

$$\left.\begin{aligned} U = \frac{\Phi_0}{N\Delta} = \frac{\varphi_0}{2\Delta} &= \frac{A}{2}(x_x^2 + y_y^2 + z_z^2) \\ &+ B(y_y z_z + z_z x_x + x_x y_y) + \frac{B}{2}(y_z^2 + z_x^2 + x_y^2) \\ &- C\{y_z(\mathfrak{u}_{1x} - \mathfrak{u}_{2x}) + z_x(\mathfrak{u}_{1y} - \mathfrak{u}_{2y}) + x_y(\mathfrak{u}_{1z} - \mathfrak{u}_{2z})\} \\ &+ \frac{D}{2}(\mathfrak{u}_1 - \mathfrak{u}_2)^2. \end{aligned}\right\} \tag{6}$$

wo $x_x = u_{xx}, \ldots,\ y_z = z_y = u_{yz} + u_{zy}, \ldots$ die Deformationskomponenten, $\mathfrak{u}_1, \mathfrak{u}_2$ die Verrückungsvektoren der beiden Atomgitter und A, B, C, D Konstanten sind, die man durch Gittersummen darstellen kann.

Die elastischen Spannungen sind gegeben durch

$$-X_x = \frac{\partial U}{\partial x_x}, \ldots, \quad -Y_z = \frac{\partial U}{\partial y_z}, \ldots.$$

Läßt man in U die Glieder mit $\mathfrak{u}_1, \mathfrak{u}_2$ weg, so hätte man das „HOOKEsche Gesetz“ in der Form:

$$-X_x = Ax_x + B(y_y + z_z), \ldots, \quad -Y_z = By_z, \ldots.$$

Man hätte also nur zwei Elastizitätskonstanten; dies ist das Ergebnis, das CAUCHY (1828) auf Grund seiner Atomtheorie der festen Körper gefunden hat. Die Kontinuumstheorie der Elastizität aber liefert bekanntlich drei Konstanten für die regulären Krystalle; in VOIGTS Schreibweise:

$$-X_x = c_{11} x_x + c_{12} (y_y + z_z), \ldots, \quad -Y_z = c_{44} y_z, \ldots.$$

Wir erhalten also eine der CAUCHYschen Relationen, nämlich $c_{12} = c_{44}$. Im allgemeinen Falle eines trigonalen Kristalls, wo das HOOKEsche Gesetz

$$-X_x = c_{11} x_x + c_{12} y_y + c_{13} z_z + c_{14} y_z + c_{15} z_x + c_{16} x_y$$
$$\ldots\ldots\ldots\ldots\ldots\ldots\ldots\ldots\ldots\ldots \quad c_{ik} = c_{ki}$$

21 Konstanten hat, beträgt die Zahl der CAUCHYschen Relationen 6.

Es ist wenig befriedigend, daß die Atomtheorie ein anderes, spezielleres Resultat haben sollte als die Kontinuumstheorie; auch haben spätere Messungen, besonders von VOIGT, ergeben, daß die CAUCHYschen Relationen in der Natur keineswegs immer gelten. Daher haben POISSON und VOIGT die ursprüngliche Theorie von CAUCHY, die mit punktförmigen Kraftzentren operierte, verallgemeinert, indem sie die Atome als starre, drehbare Körper annahmen. In der Tat gelingt es so, wenn auch auf etwas umständliche Weise, die CAUCHYschen Relationen zu vermeiden. Aber es ist gar nicht nötig, die punktförmigen Kraftzentren zu verlassen, wenn man nur, wie in unserer Gittertheorie, die relativen Verrückungen der einfachen

Gitter gegeneinander berücksichtigt. Dann lauten die Spannungsgleichungen

$$-X_x = A x_x + B(y_y + z_z), \ldots, \quad -Y_z = B y_z - C(\mathfrak{u}_{1x} - \mathfrak{u}_{2x}), \ldots \tag{7}$$

und dazu kommen die Kraftgleichungen:

$$\left.\begin{aligned} -\mathfrak{K}_{1x} &= \frac{\partial U}{\partial \mathfrak{u}_{1x}} = -C y_z + D(\mathfrak{u}_{1x} - \mathfrak{u}_{2x}), \ldots \\ -\mathfrak{K}_{2x} &= \frac{\partial U}{\partial \mathfrak{u}_{2x}} = C y_z - D(\mathfrak{u}_{1x} - \mathfrak{u}_{2x}), \ldots . \end{aligned}\right\} \tag{7'}$$

Bei rein elastischen Verzerrungen sind nun diese Kräfte Null und man hat:

$$\mathfrak{u}_{1x} - \mathfrak{u}_{2x} = \frac{C}{D} y_z .$$

Setzt man das in die Spannungskomponenten ein, so kommt:

$$\left.\begin{aligned} -X_x &= A x_x + B(y_y + z_z), \ldots \\ -Y_z &= \left(B - \frac{C^2}{D}\right) y_z, \ldots, \end{aligned}\right\} \tag{8}$$

oder:

$$c_{11} = A, \qquad c_{12} = B, \qquad c_{44} = B - \frac{C^2}{D} .$$

Damit ist die CAUCHYsche Relation $c_{12} = c_{44}$ aufgehoben. Bei zweiatomigen Diagonalgittern mit Symmetriezentrum (wie Steinsalz- und Cäsiumchlorid-Typus, s. Abb. 30, 31, S. 159) ist, wie leicht zu sehen, die Konstante $C = 0$; also muß hier die CAUCHYsche Relation gelten, wie auch beim Steinsalz und Sylvin experimentell bestätigt worden ist. Für den Zinkblendetypus (s. Abb. 32, S. 159) aber ergeben sich drei Konstanten, ebenfalls in Übereinstimmung mit der Erfahrung. Bei den einatomigen Metallen ist die CAUCHYsche Relation nicht gefunden worden; dies zeigt, daß die Metallstrukturen nicht als einfache Gitter aufgefaßt werden dürfen.

Nun können wir leicht die übrigen elektromechanischen Effekte ableiten. Durch die inneren Verrückungen der Ionengitter gegeneinander entsteht die Piezoelektrizität; in unserm Beispiel wird durch die Verzerrung ein elektrisches Moment pro Volumeneinheit ($\pm ze =$ Ladung der Ionen):

$$\mathfrak{P}_x = \frac{ze}{\Delta}(\mathfrak{u}_{1x} - \mathfrak{u}_{2x}) = \frac{ze}{\Delta}\frac{C}{D} y_z = e_{14} y_z$$

hervorgerufen; hier ist

$$e_{14} = \frac{ze}{\Delta}\frac{C}{D} \tag{9}$$

die piezoelektrische Konstante in der VOIGTschen Bezeichnung, wo allgemein der Zusammenhang von elektrischem Moment und Deformation in der Form

$$\mathfrak{P}_x = e_{11} x_x + e_{12} y_y + e_{13} z_z + e_{14} y_z + e_{15} z_x + e_{16} x_y$$

angesetzt wird.

Ein Gitter, in dem die CAUCHYschen Relationen gelten, kann natürlich nicht piezoelektrisch sein; aber das Umgekehrte gilt nicht; ein Gitter mit inneren Verrückungen braucht nicht piezoelektrisch zu sein. Man sieht das am Beispiel des Flußspats CaF_2 (s. Abb. 34, S. 160), dessen Oktaederebenen hier abgebildet sind; die Symmetrie der Anordnung bewirkt, daß immer je zwei gleichwertige Ebenen entgegengesetzt gleiche Verrückungen erfahren, so daß kein Moment zustande kommt.

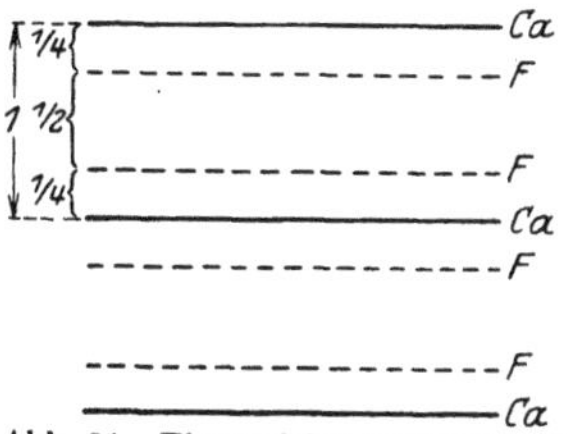

Abb. 21. Ebenenfolge senkrecht zur Würfeldiagonale beim Flußspat.

Außer dieser vektoriellen Piezoelektrizität gibt es noch eine tensorielle, die auf den Momenten 2. Ordnung (Quadrupolen) beruht; ihre Existenz ist zuerst von VOIGT theoretisch behauptet und experimentell wahrscheinlich gemacht worden. Unsere Theorie gibt leicht davon Rechenschaft, doch wollen wir nicht näher darauf eingehen, da keine quantitativen Beobachtungen vorliegen.

Wir kommen schließlich zur dielektrischen Erregung. Bringen wir den Kristall in ein elektrisches Feld, so verschwinden die Kräfte $\mathfrak{K}_1$, $\mathfrak{K}_2$ (die pro Volumeneinheit gemessen sind) nicht mehr, sondern sind

$$\mathfrak{K}_1 = -\frac{ze}{\Delta}\mathfrak{E}, \quad \mathfrak{K}_2 = +\frac{ze}{\Delta}\mathfrak{E}.$$

Daher bekommt man für den deformationslosen Zustand in unserm Beispiel:

$$\mathfrak{u}_1 - \mathfrak{u}_2 = \frac{z\,e}{\Delta}\,\frac{1}{D}\,\mathfrak{E}\,.$$

Das vom Felde erzeugte elektrische Moment ist also

$$\mathfrak{P} = \frac{e}{\Delta}(\mathfrak{u}_1 - \mathfrak{u}_2) = \frac{z^2 e^2}{\Delta^2}\,\frac{1}{D}\,\mathfrak{E} = \frac{\varepsilon - 1}{4\,\pi}\,\mathfrak{E}\,,$$

die Dielektrizitätskonstante also:

$$\varepsilon = 1 + \frac{4\,\pi\,z^2\,e^2}{\Delta^2}\,\frac{1}{D}\,. \tag{10}$$

In engem Zusammenhang hiermit stehen die sogenannten „Reststrahlen“, d. h. jene Eigenfrequenzen des Gitters im äußersten Ultrarot, die Rubens entdeckt hat. Um sie zu erhalten, muß man die Trägheitskräfte berücksichtigen und setzen:

$$\mathfrak{K}_1 = m_1\,\ddot{\mathfrak{u}}_1 - \frac{z\,e}{\Delta}\,\mathfrak{E}, \qquad \mathfrak{K}_2 = m_1\,\ddot{\mathfrak{u}}_2 + \frac{z\,e}{\Delta}\,\mathfrak{E}\,,$$

wo m_1, m_2 die Massen der beiden Atomarten sind. Wenn nun eine elektrische Welle den Kristall trifft, deren Wellenlänge groß ist gegen die Gitterkonstante (wie es im ultraroten Gebiete der Fall ist), so können wir das Feld $\mathfrak{E}$ als räumlich konstant, aber zeitlich periodisch betrachten ($\mathfrak{E} \sim e^{i\omega t}$); die Bewegungsgleichungen

$$m_1\ddot{\mathfrak{u}}_1 - \frac{z\,e}{\Delta}\,\mathfrak{E} + D(\mathfrak{u}_1 - \mathfrak{u}_2) = 0\,,$$

$$m_2\,\ddot{\mathfrak{u}}_2 + \frac{z\,e}{\Delta}\,\mathfrak{E} - D(\mathfrak{u}_1 - \mathfrak{u}_2) = 0$$

lassen sich also durch den Ansatz $\mathfrak{u}_1, \mathfrak{u}_2 \sim e^{i\omega t}$ lösen. Setzt man das ein und subtrahiert die Gleichungen für die x-Komponenten, so kommt:

$$\left(D\left(\frac{1}{m_1} + \frac{1}{m_2}\right) - \omega^2\right)(\mathfrak{u}_{1x} - \mathfrak{u}_{2x}) - \frac{z\,e}{\Delta}\left(\frac{1}{m_1} + \frac{1}{m_2}\right)\mathfrak{E}_x = 0\,.$$

Für $\mathfrak{E} = 0$ hat man also die Eigenschwingung

$$\omega_0 = \sqrt{D\left(\frac{1}{m_1} + \frac{1}{m_2}\right)}\,, \tag{11}$$

und die Reaktion des Gitters auf die Lichtwelle wird gegeben durch

$$\mathfrak{u}_{1x} - \mathfrak{u}_{2x} = \frac{ze}{\Delta}\left(\frac{1}{m_1} + \frac{1}{m_2}\right)\frac{\mathfrak{E}_x}{\omega_0^2 - \omega^2}.$$

Berechnet man hieraus wieder das elektrische Moment $\mathfrak{P}$ pro Volumeneinheit und setzt $\mathfrak{P} = \frac{n^2 - 1}{4\pi}\mathfrak{E}$, wo n der Brechungsindex ist, so kommt

$$n^2 = 1 + \frac{4\pi z^2 e^2}{\Delta^2}\left(\frac{1}{m_1} + \frac{1}{m_2}\right)\frac{1}{\omega_0^2 - \omega^2}. \qquad (12)$$

Für $\omega = 0$ gewinnt man daraus die oben abgeleitete Formel für die statischen Dielektrizitätskonstante ($n^2 \to \varepsilon$) zurück; für $\omega \neq 0$ hat man eine Dispersionsformel vom üblichen Typus. Diese Formeln sind zuerst von DEHLINGER gefunden worden.

Wir haben im ganzen sechs physikalische Konstanten: $c_{11}, c_{12}, c_{44}, e_{14}, \omega_0, \varepsilon$, ausgedrückt durch vier atomare Konstanten A, B, C, D. Also werden wir erwarten dürfen, daß bei Kristallen vom hier betrachteten Typus zwei Relationen zwischen diesen bestehen. Die eine von diesen ist die Gleichung, die aus der letzten Dispersionsformel (12) für $\omega = 0$, $n^2 = \varepsilon$ hervorgeht; die andere lautet

$$\frac{\varepsilon - 1}{2\pi}(c_{12} - c_{44}) = e_{14}^2. \qquad (13)$$

Fragen wir nun, ob diese Relationen in der Natur wirklich erfüllt sind, so müssen wir uns an unsere Voraussetzungen erinnern: Wir haben die Atome als geladene Massenpunkte angenommen. Daher dürfen wir nur dann Übereinstimmung mit der Erfahrung erwarten, wenn diese Voraussetzung erfüllt ist. Damit sind alle Prozesse ausgeschlossen, bei denen die Atome selber merkliche Deformationen erfahren, also alle solchen, bei denen die Konstante der inneren Verrückungen C eingeht. Diese tritt in der ersten Identität nicht auf; aber hier ist zu beobachten, daß das elektrische Feld $\mathfrak{E}$ direkt die Elektronenhüllen der Atome deformiert. Nennen wir diesen Anteil des Prozesses an der Dielektrizitätskonstante ε_0 und ersetzen $\varepsilon - 1$ in unserer Formel (12) durch $\varepsilon - \varepsilon_0$, so erhalten wir für $\omega = 0$

$$\frac{\omega_0^2}{4\pi}(\varepsilon - \varepsilon_0) = \frac{z^2 e^2}{\Delta}\left(\frac{1}{m_1} + \frac{1}{m_2}\right), \tag{14}$$

und diese Formel ist bei den Alkali-Haloiden und bei Zinkblende recht gut erfüllt, bei den Silber- und Thalliumsalzen aber nicht. Die zweite Beziehung (13), in die die piezoelektrische Konstante e_{14} eingeht, konnte bei Zinkblende geprüft werden, erwies sich aber, wie zu erwarten, als nicht erfüllt.

Um die Theorie hier zu verbessern, hat HECKMANN auf meine Anregung hin die Deformierbarkeit der Ionen systematisch mit berücksichtigt. Die Konstante α der Deformierbarkeit, wie ich sie früher (Vorlesung 2) definiert habe, ist durch Untersuchungen von HEYDWEILLER und WASASTJERNA, FAJANS und JOOS, HEISENBERG und mir recht gut bekannt. Die Arbeit von HECKMANN hat ergeben, daß in der Tat die Deformierbarkeit der Ionen einen wesentlichen Anteil an den Erscheinungen hat und daß ihre Berücksichtigung die Übereinstimmung verbessert. Aber die Formeln sind so empfindlich gegen kleine Änderungen, daß die aus der Theorie gezogenen Folgerungen nur qualitativer Art sein können.

4. Vorlesung.

Die Ionengitter. KOSSELS Theorie. Berechnung der Gitterenergie nach MADELUNG und EWALD.

Die hier behandelten Erscheinungen umfassen entsprechend unserem Schema in großen Zügen alles, was man auf Grund der Betrachtung homogener Verrückungen bei Berücksichtigung der Glieder bis zur 2. Ordnung in der potentiellen Energie aussagen kann.

Der nächste Schritt hat in der Betrachtung beliebiger, nicht homogener Verrückungen zu bestehen. Dabei wird die erste Frage sein, ob die von uns aufgestellten Gleichgewichtsbedingungen genügen, um auch für beliebige Verrückungen das Verschwinden der linearen Glieder der potentiellen Energie zu bewirken. In der Tat ist das der Fall, wie wir auch erwarten müssen, da die Anzahl unserer Gleichgewichtsbedingungen gerade genügte, um die Daten des Gitters festzulegen. Sodann werden wir die Glieder 2. Ordnung in der Entwicklung nach Φ zu untersuchen haben. Hierbei werden wir zuerst die geordnete

Wellenbewegung im Gitter studieren, sodann die ungeordnete thermische Bewegung, die sich mit Hilfe von Fourierreihen auf die erstere zurückführen läßt. Aber ehe wir diese mehr formalen Betrachtungen fortsetzen, wird es angebracht sein, die bisher abgeleiteten Gesetze mit einem Inhalt zu füllen, indem wir sie auf Gitter anwenden, bei denen das wirkliche Kraftgesetz mit einiger Aussicht auf Richtigkeit erraten werden kann. Dies ist bisher nur der Fall bei reinen *Ionengittern*. Die Existenz solcher Gitter verstehen wir heute auf Grund von Vorstellungen über das periodische System der Elemente, die unabhängig von KOSSEL in Deutschland, von LEWIS und LANGMUIR in Amerika entwickelt worden sind. Wir betrachten Elemente, die im periodischen System einem Edelgas benachbart sind, z. B.

... O F **Ne** Na Mg Al ...
... S Cl **Ar** K Ca Sc ...

Die Erfahrung lehrt, daß die Elemente F, Cl, ... leicht einwertige negative Ionen bilden, die Elemente Na, K, ... einwertige positive; entsprechend die Reihen O, S, ... bzw. Mg, Ca ... zweiwertige Ionen usw. Die Theorie erklärt das durch die Annahme, daß die Edelgase sehr stabile äußere Elektronenhüllen (bei Ne, Ar z. B. von 8 Elektronen) haben, während den Nachbarelementen links ein, zwei, ... Elektronen zu dieser Konfiguration fehlen, die Elemente rechts aber ein, zwei, ... Elektronen zu viel haben; erstere saugen also unter Energieabgabe Elektronen an sich (Elektronenaffinität), letztere geben leicht (mit kleiner Ionisierungsarbeit) Elektronen ab. So kommt es, daß z. B. das Ionenpaar Na^+, Cl^- stabiler ist als die neutralen Atome Na, Cl. Diese Ionenpaare ziehen sich aber mit COULOMBschen Kräften an; sie würden zusammenstürzen, wenn nicht eine Abstoßungskraft dem entgegenstünde. Da man von letzterer nichts weiß, als daß sie bei einem bestimmten Abstand r_0 sehr plötzlich einsetzt, so liegt es nahe, für sie den Ansatz b/r^n zu versuchen, wo b, n Konstante sind. Danach ist das gesamte Elementarpotential

$$\varphi_{kk'}(r) = \pm \frac{e^2}{r} + \frac{b_{kk'}}{r^n}, \tag{1}$$

wo e der Betrag der Ionenladung ist.

Man hat nun zu zeigen, daß die Ionenanhäufungen, die infolge dieses Kraftgesetzes zustande kommen, gerade die beobachteten Ionengitter sind und daß sie die beobachteten Eigenschaften zeigen. Es ist ohne weiteres klar, daß man durch diesen Ansatz nur hochsymmetrische Gitter erklären kann; für Fälle, in denen asymmetrisch gelagerte Ionen vorkommen, wird man deren Deformierbarkeit (Polarisierbarkeit α) heranziehen müssen.

Nunmehr entsteht die mathematische Aufgabe, das Gesamtpotential Φ des Gitters wirklich zu berechnen.

Die Schwierigkeit besteht darin, daß die Gittersumme

$$\varphi(xyz) = \mathop{\mathrm{S}}_{l} \sum_{k} \frac{e_k}{|\mathfrak{r}_k^l - \mathfrak{r}|} \tag{2}$$

außerordentlich schlecht konvergiert; sie muß daher in besser konvergierende Reihen verwandelt werden. Dann aber geht die einfache Anordnung der Glieder nach Gitterpunkten verloren; da es darauf ankommt, den Wert des Potentials aller Gitterpunkte außer einem in diesem Gitterpunkte zu berechnen, so ist eine besondere Überlegung hierzu notwendig.

Die Aufgabe ist zuerst von APPELL gelöst worden, doch ist seine Arbeit nicht bis zu physikalischen Anwendungen und numerischen Resultaten durchgeführt worden.

Die erste physikalisch brauchbare Methode wurde von MADELUNG ersonnen. Er bemerkte, daß es leicht ist, die Energie einer linearen neutralen Punktreihe zu berechnen. Seien z. B. die Punkte äquidistant und abwechselnd mit den Ladungen $+e$ und $-e$ versehen. Wir numerieren sie von einem beliebigen, mit 0 bezeichneten Punkt aus nach beiden Seiten. Dann ist offenbar das Potential aller Punkte der Reihe auf den Nullpunkt:

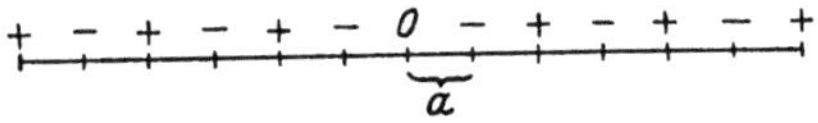

Abb. 22. Eindimensionales Ionengitter.

$$\varphi_0 = 2\frac{e^2}{a}\left(-\frac{1}{1} + \frac{1}{2} - \frac{1}{3} + \frac{1}{4} - \frac{1}{5} \dots\right),$$

$$\varphi_0 = -\frac{e^2}{a}\, 2 \ln 2, \tag{3}$$

und die Energie einer aus N Punkten bestehenden Reihe ist (bis auf eine Randkorrektion) $\frac{N}{2}\varphi_0 = -N\frac{e^2}{a}\ln 2$.

Ein ähnliches Verfahren ist bei jeder periodischen Punktreihe möglich.

Zum zweiten betrachten wir eine neutrale Netzebene, die aus lauter solchen parallelen Punktreihen zusammengesetzt ist. Dann kann das Potential aller ihrer Punkte auf einen, etwa den Nullpunkt O, aufgefaßt werden als das eben berechnete Potential der durch O gehenden Punktreihe auf O, vermehrt um die Potentiale aller anderen Punktreihen auf O; da letztere den Punkt O nicht enthalten, können sie leicht berechnet werden (als Summen BESSELscher Funktionen). Wenn schließlich der ganze Kristall als Summe solcher Netzebenen aufgefaßt werden kann, so liefert die Fortsetzung dieses Verfahrens die gesamte Gitterenergie.

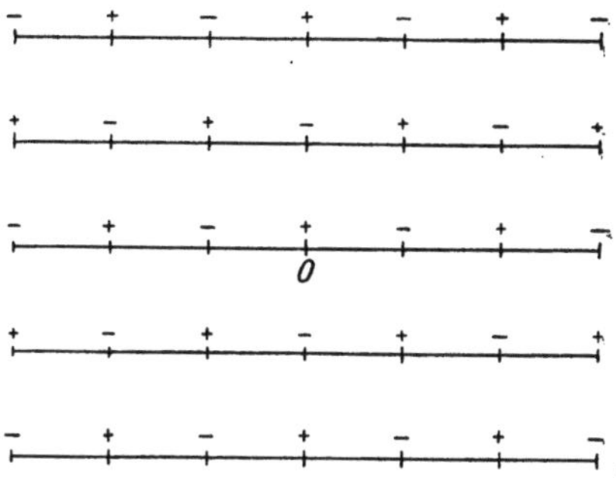

Abb. 23. Zweidimensionales Ionengitter.

Aber in vielen Fällen ist eine solche Zerlegung des Gitters in neutrale Punktreihen und Netzebenen nicht möglich. Dann führt ein von EWALD angegebenes Verfahren zum Ziele. Wir wollen seine Formeln hier kurz begründen.

An Stelle der punktförmigen Ladungen des Gitters betrachten wir zunächst eine kontinuierliche periodische Ladungsverteilung, dargestellt durch die FOURIERsche Reihe ohne konstantes Glied[1]):

$$\varrho = \mathop{\mathrm{S}'}_{l} \varrho^l e^{i(\mathfrak{q}^l \mathfrak{r})}; \tag{4}$$

hier ist $\mathfrak{r}$ der Vektor $(x\,y\,z)$ und

$$\mathfrak{q}^l = 2\pi(l_1\mathfrak{b}_1 + l_2\mathfrak{b}_2 + l_3\mathfrak{b}_3),$$

wo $\mathfrak{b}_1, \mathfrak{b}_2, \mathfrak{b}_3$ die Grundvektoren des „reziproken Gitters" sind;

[1]) Das Symbol $\mathop{\mathrm{S}'}_{l}$ bedeutet, daß die Summation über alle l, ausgenommen $l = 0$, zu erstrecken ist.

diese bestimmen sich aus den Gleichungen

$$(\mathfrak{a}_i \mathfrak{b}_k) = \delta_{ik}$$

zu

$$\mathfrak{b}_1 = \frac{1}{\varDelta}[\mathfrak{a}_2 \mathfrak{a}_3], \qquad \mathfrak{b}_2 = \frac{1}{\varDelta}[\mathfrak{a}_3 \mathfrak{a}_1], \qquad \mathfrak{b}_3 = \frac{1}{\varDelta}[\mathfrak{a}_1 \mathfrak{a}_2].$$

Der Koeffizient der Fourierreihe ϱ^l wird in der bekannten Weise durch das über eine Zelle erstreckte Integral

$$\varrho^l = \frac{1}{\varDelta}\int \varrho\, e^{-i(\mathfrak{q}^l \mathfrak{r})}\, dx\, dy\, dz \tag{5}$$

dargestellt.

Nun setzen wir auch das Potential φ als solche Fourierreihe an:

$$\varphi = \mathop{\mathrm{S}'}_{l} c^l e^{i(\mathfrak{q}^l \mathfrak{r})}; \tag{6}$$

dann folgt aus der Poissonschen Differentialgleichung

$$\nabla^2 \varphi = -4\pi\varrho$$

durch Einsetzen und Vergleichung der Koeffizienten:

$$c^l = \frac{4\pi\varrho^l}{|\mathfrak{q}^l|^2}. \tag{7}$$

Nun gehen wir zu dem Grenzfall über, daß die kontinuierliche Ladungsverteilung sich auf Punktladungen e_k $(\sum_k e_k = 0)$ an den Stellen $\mathfrak{r}_k$ zusammenzieht; dann erhält man:

$$\varrho^l = \frac{1}{\varDelta}\int \varrho\, e^{-i(\mathfrak{q}^l \mathfrak{r})}\, dx\, dy\, dz = \sum_k \frac{e_k}{\varDelta}\, e^{-i(\mathfrak{q}^l \mathfrak{r}_k)}. \tag{8}$$

Also wird das Potential

$$\varphi = \frac{4\pi}{\varDelta} \mathop{\mathrm{S}'}_{l} \sum_k \frac{e_k}{|\mathfrak{q}^l|^2}\, e^{i(\mathfrak{q}^l, \mathfrak{r}-\mathfrak{r}_k)}. \tag{9}$$

Das kann man schreiben:

$$\varphi = \sum_k e_k \psi(\mathfrak{r} - \mathfrak{r}_k), \tag{10}$$

wo

$$\psi = \frac{4\pi}{\varDelta} \mathop{\mathrm{S}'}_{l} \frac{e^{i(\mathfrak{q}^l \mathfrak{r})}}{|\mathfrak{q}^l|^2}. \tag{11}$$

Auch diese Reihen konvergieren sehr schlecht; EWALD formt sie daher folgendermaßen um:

Mit Hilfe der Identität

$$\frac{1}{a} = \int_0^\infty e^{-a\xi} d\xi$$

schreibt man

$$\psi = \frac{4\pi}{\Delta} \int_0^\infty \mathop{\mathsf{S}'}_{l} e^{-|\mathfrak{q}^l|^2 \xi + i(\mathfrak{q}^l \mathfrak{r})} d\xi .$$

Dieses Integral zerlegt man durch einen willkürlich gewählten Zwischenwert η in zwei Teile

$$\left.\begin{aligned} \psi = \psi_1 + \psi_2; \qquad \psi_1 &= \frac{4\pi}{\Delta} \int_\eta^\infty \mathop{\mathsf{S}'}_{l} e^{-|\mathfrak{q}|^2 \xi + i(\mathfrak{q}^l \mathfrak{r})} d\xi , \\ \psi_2 &= \frac{4\pi}{\Delta} \int_0^\eta \mathop{\mathsf{S}'}_{l} e^{-|\mathfrak{q}^l|^2 \xi + i(\mathfrak{q}^l \mathfrak{r})} d\xi . \end{aligned}\right\} \tag{12}$$

Das erste läßt sich elementar ausführen:

$$\psi_1 = \frac{4\pi}{\Delta} \mathop{\mathsf{S}'}_{l} \frac{e^{-|\mathfrak{q}^l|^2 \eta + i(\mathfrak{q}^l \mathfrak{r})}}{|\mathfrak{q}^l|^2} ; \tag{13}$$

es ist der ursprünglichen Fourierreihe (11) für ψ sehr ähnlich, nur hat jedes Glied einen Exponentialfaktor, der sehr schnell mit wachsendem l gegen Null geht und dadurch die Konvergenz verbessert.

Auch der zweite Teil ψ_2 läßt sich auf bekannte Funktionen zurückführen. Hierzu benützt EWALD eine Formel aus der Theorie der Theta-Funktionen, mit der man zeigen kann, daß die Identität

$$\frac{4\pi}{\Delta} \mathop{\mathsf{S}}_{l} e^{-|\mathfrak{q}^l|^2 \xi + i(\mathfrak{q}^l \mathfrak{r})} = \frac{1}{2\sqrt{\pi \xi^3}} \mathop{\mathsf{S}}_{l} e^{-\frac{1}{4\xi}(\mathfrak{r}^l - \mathfrak{r})^2}$$

gilt. Daher erhält man:

$$\psi_2 = \int_0^\eta \left\{ \frac{1}{2\sqrt{\pi \xi^3}} \mathop{\mathsf{S}}_{l} e^{-\frac{1}{4\xi}(\mathfrak{r}^l - \mathfrak{r})^2} - \frac{4\pi}{\Delta} \right\} d\xi .$$

Setzt man

$$\alpha = \frac{1}{2\sqrt{\xi}}, \qquad \varepsilon = \frac{1}{2\sqrt{\eta}},$$

so wird

$$\psi_2 = \frac{2}{\sqrt{\pi}} \int\limits_{\varepsilon}^{\infty} \mathop{\mathsf{S}}_{l} e^{-\alpha^2 (\mathfrak{r}^l - \mathfrak{r})} d\alpha - \frac{\pi}{\Delta \varepsilon^2}.$$

Diese Integrale sind bekannt; es handelt sich um die „GAUSSsche Fehlerfunktion“

$$F(x) = \frac{2}{\sqrt{\pi}} \int\limits_0^x e^{-\alpha^2} d\alpha,$$

oder bequemer um die Funktion

$$G(x) = 1 - F(x) = \frac{2}{\sqrt{\pi}} \int\limits_x^{\infty} e^{-\alpha^2} d\alpha.$$

Ersetzen wir auch in ψ_1 das η durch ε, so erhalten wir schließlich:

$$\left.\begin{aligned} \psi_1 &= \frac{4\pi}{\Delta} \mathop{\mathsf{S}'}_{l} \frac{e^{-\frac{1}{4\varepsilon^2}|\mathfrak{q}^l|^2 + i(\mathfrak{q}^l \mathfrak{r})}}{|\mathfrak{q}^l|^2} \\ \psi_2 &= \mathop{\mathsf{S}}_{l} \frac{G(\varepsilon|\mathfrak{r}^l - \mathfrak{r}|)}{|\mathfrak{r}_l - \mathfrak{r}|} - \frac{\pi}{\Delta \varepsilon^2}. \end{aligned}\right\} \tag{14}$$

Die Summe $\psi_1 + \psi_2$ ist natürlich von der willkürlichen Trennungsstelle ε unabhängig. Für $\varepsilon = \infty$ wird $\psi_2 = 0$ und ψ_1 verwandelt sich in die ursprüngliche Fouriersche Reihe (11). Für $\varepsilon = 0$ wird $\psi_1 = 0$ und ψ_2 wird eine divergente Reihe; das gesamte Potential φ selbst geht bei geeigneter Anordnung der Summationsfolge in seine „COULOMBsche“ Form

$$\varphi = \sum_k e_k \psi(\mathfrak{r} - \mathfrak{r}_k) = \mathop{\mathsf{S}}_{l} \sum_k \frac{e_k}{|\mathfrak{r}_k^l - \mathfrak{r}|} \tag{15}$$

über. ψ_1 konvergiert um so besser, je kleiner ε ist; ψ_2 um so besser, je größer ε ist. Durch geeignete Wahl von ε kann man erreichen, daß beide Reihen sehr schnell konvergieren.

Will man nun den Wert des Potentials in einem Punkte k' der Basis berechnen, so hat man von φ den Wert $\frac{e_k'}{|\mathfrak{r} - \mathfrak{r}_k'|}$ abzuziehen; dann gelangt man zum „erregenden Potential“

$$\varphi_{k'}(\mathfrak{r}) = e_{k'}\,\overline{\psi}(\mathfrak{r} - \mathfrak{r}_{k'}) + \sum_k{}' e_k\,\psi(\mathfrak{r} - \mathfrak{r}_k), \tag{16}$$

wo

$$\overline{\psi}(\mathfrak{r}) = \psi(\mathfrak{r}) - \frac{1}{r}.$$

Das Abziehen des Gliedes $\frac{1}{r}$ von ψ kann man nun wieder mit Hilfe der Trennungsstelle ε ausführen; man setze

$$\frac{1}{r} = \frac{2}{\sqrt{\pi}}\int_0^\infty e^{-r^2\alpha^2}\,d\alpha = \frac{2}{\sqrt{\pi}}\int_0^\varepsilon e^{-r^2\alpha^2}\,d\alpha + \frac{2}{\sqrt{\pi}}\int_\varepsilon^\infty e^{-r^2\alpha^2}\,d\alpha.$$

Das erste Integral, das von ψ_1 abzuziehen ist, hat den Wert $\frac{1}{r}F(\varepsilon r)$; das zweite ist genau gleich dem Gliede $l = 0$ von ψ_2. Daher wird:

$$\left.\begin{aligned} \overline{\psi} &= \overline{\psi}_1 + \overline{\psi}_2, \\ \overline{\psi}_1 &= \frac{4\pi}{\Delta}\,\mathop{\mathrm{S}'}_{l}\,\frac{e^{-\frac{1}{4\varepsilon^2}|q^l|^2 + i(q^l \mathfrak{r})}}{|q^l|^2} - \frac{F(\varepsilon r)}{r}, \\ \overline{\psi}_2 &= \mathop{\mathrm{S}'}_{l}\,\frac{G(\varepsilon\,|\mathfrak{r}^l - \mathfrak{r}|)}{|\mathfrak{r}^l - \mathfrak{r}|} - \frac{\pi}{\Delta\,\varepsilon^2}. \end{aligned}\right\} \tag{17}$$

Um das Potential aller Punkte des Gitters auf einen (k') zu finden, hat man nun $\mathfrak{r} = \mathfrak{r}_{k'}$ zu setzen; dann erhält man

$$\varphi_{k'} = \varphi_{k'}(\mathfrak{r}_{k'}) = e_{k'}\,\overline{\psi}(0) + \sum_k{}' e_k\,\psi(\mathfrak{r}_{kk'}),$$

wo

$$\left.\begin{aligned} \overline{\psi}_1(0) &= \frac{4\pi}{\Delta}\,\mathop{\mathrm{S}}_{l}\,\frac{e^{-\frac{1}{4\varepsilon^2}|q^l|^2}}{|q^l|^2} - \frac{2\varepsilon}{\sqrt{\pi}}, \\ \overline{\psi}_2(0) &= \mathop{\mathrm{S}'}_{l}\,\frac{G(\varepsilon r^l)}{r^l} - \frac{\pi}{\Delta\,\varepsilon^2}. \end{aligned}\right\} \tag{18}$$

5. Vorlesung.

Die Energie des Steinsalzgitters. Die Abstoßungskräfte. Vergleich mit gaskinetischen und optischen Daten.

Als Beispiel wollen wir kurz das wohlbekannte Steinsalzgitter (s. Abb. 31, S. 159) betrachten. Als Zelle wählen wir nicht den Elementarwürfel mit der Kante a, sondern das Rhomboeder (Abb. 24)

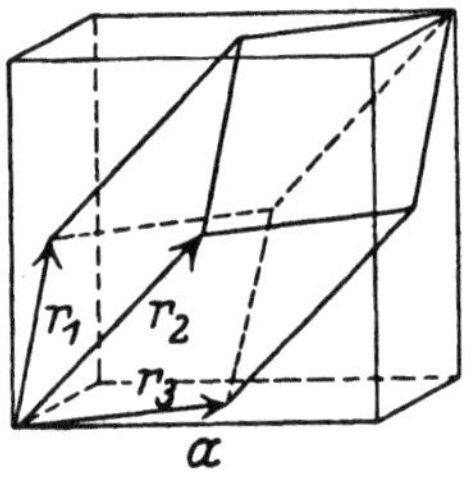

Abb. 24. Rhomboedrische Zelle beim Steinsalzgitter.

$$\mathfrak{a}_1\left(0, \frac{a}{2}, \frac{a}{2}\right)$$
$$\mathfrak{a}_2\left(\frac{a}{2}, 0, \frac{a}{2}\right)$$
$$\mathfrak{a}_3\left(\frac{a}{2}, \frac{a}{2}, 0\right),$$

dessen Inhalt beträgt:

$$\Delta = |\mathfrak{a}_1\,\mathfrak{a}_2\,\mathfrak{a}_3| = 2\left(\frac{a}{2}\right)^3 = \delta^3, \quad \delta = \frac{a}{2}\sqrt[3]{2}.$$

Die Basis besteht aus den Punkten:

$$\text{Na}^+\text{-Ionen}, \; k = 1; \quad \mathfrak{r}_1 = (0, 0, 0), \qquad e_1 = +e;$$
$$\text{Cl}^-\text{-Ionen}, \; k = 2; \quad \mathfrak{r}_2 = \left(\frac{a}{2}, \frac{a}{2}, \frac{a}{2}\right), \quad e_2 = -e.$$

Das reziproke Gitter ist gegeben durch:

$$\mathfrak{b}_1 = \left(-\frac{1}{a}, \frac{1}{a}, \frac{1}{a}\right),$$
$$\mathfrak{b}_2 = \left(\frac{1}{a}, -\frac{1}{a}, \frac{1}{a}\right),$$
$$\mathfrak{b}_3 = \left(\frac{1}{a}, \frac{1}{a}, -\frac{1}{a}\right).$$

Man hat:

$$\mathfrak{r}_{21} = \mathfrak{r}_2 - \mathfrak{r}_1 = \left(\frac{a}{2}, \frac{a}{2}, \frac{a}{2}\right),$$
$$\mathfrak{r}^l = \left(\frac{a}{2}(l_2 + l_3), \frac{a}{2}(l_3 + l_1), \frac{a}{2}(l_1 + l_2)\right)$$
$$\mathfrak{r}^l - \mathfrak{r}_{21} = \left(\frac{a}{2}(l_2 + l_3 - 1), \frac{a}{2}(l_3 + l_1 - 1), \frac{a}{2}(l_1 + l_2 - 1)\right)$$

$$\mathfrak{q}^l = \left(\frac{2\pi}{a}(-l_1 + l_2 + l_3),\ \frac{2\pi}{a}(l_1 - l_2 + l_3),\ \frac{2\pi}{a}(l_1 + l_2 - l_3)\right).$$

Statt über l_1, l_2, l_3 zu summieren, kann man durch die Transformationen

$$\begin{array}{ll} -l_1 + l_2 + l_3 = l_1' & l_2 + l_3 = l_1'' \\ l_1 - l_2 + l_3 = l_2' & l_3 + l_1 = l_2'' \\ l_1 + l_2 - l_3 = l_3' & l_1 + l_2 = l_3'' \\ \hline l_1 + l_2 + l_3 = l_1' + l_2' + l_3' & 2(l_1 + l_2 + l_3) = l_1'' + l_2'' + l_3'' \end{array}$$

$$\begin{array}{l} l_2 + l_3 - 1 = l_1''' \\ l_3 + l_1 - 1 = l_2''' \\ l_1 + l_2 - 1 = l_3''' \\ \hline 2(l_1 + l_2 + l_3 - 1) - 1 = l_1''' + l_2''' + l_3''' \end{array}$$

neue Summationsindices einführen; dabei sieht man mit Hilfe der angeschriebenen Summenrelationen leicht, daß l_1', l_2', l_3' alle Werte annehmen können, l_1'', l_2'', l_3'' nur solche, deren Summe gerade ist, und l_1''', l_2''', l_3''' nur solche, deren Summe ungerade ist. Daher erhält man schließlich:

$$\varphi_1 = -\varphi_2 = e(\overline{\psi}(0) - \psi(\mathfrak{r}_{21})),$$

$$\left.\begin{aligned} \overline{\psi}_1(0) &= \frac{4}{a\pi} \mathop{\mathrm{S}'}_{l} \frac{e^{-\frac{\pi^2}{a^2\varepsilon^2}(l_1^2+l_2^2+l_3^2)}}{l_1^2 + l_2^2 + l_3^2} - \frac{2\varepsilon}{\sqrt{\pi}} \\ \overline{\psi}_2(0) &= \frac{2}{a} \mathop{\mathrm{S}'}_{\substack{l_1+l_2+l_3 \\ \text{gerade}}} \frac{G\left(\frac{\varepsilon a}{2}\sqrt{l_1^2 + l_2^2 + l_3^2}\right)}{\sqrt{l_1^2 + l_2^2 + l_3^2}} - \frac{\pi}{\Delta\varepsilon^2}. \end{aligned}\right\} \tag{1}$$

$$\left.\begin{aligned} \psi_1(\mathfrak{r}_{21}) &= \frac{4}{a\pi} \mathop{\mathrm{S}'}_{l} \frac{e^{-\frac{\pi^2}{a^2\varepsilon^2}(l_1^2+l_2^2+l_3^2) + i\pi(l_1+l_2+l_3)}}{l_1^2 + l_2^2 + l_3^2} \\ \psi_2(\mathfrak{r}_{21}) &= \frac{2}{a} \mathop{\mathrm{S}'}_{\substack{l_1+l_2+l_3 \\ \text{ungerade}}} \frac{G\left(\frac{a\varepsilon}{2}\sqrt{l_1^2 + l_2^2 + l_3^2}\right)}{\sqrt{l_1^2 + l_2^2 + l_3^2}} - \frac{\pi}{\Delta\varepsilon^2}. \end{aligned}\right\} \tag{2}$$

Durch verschiedene Wahl von ε kann man die Rechnung kontrollieren. Die Energie pro Zelle ist:

$$\frac{\varphi_0}{2} = \frac{1}{2}(e\,\varphi_1 - e\,\varphi_2) = e\,\varphi_1 = e^2(\overline{\psi}(0) - \psi(\mathfrak{r}_{21}))\,. \tag{3}$$

Hierfür erhält man durch einfache Umformung:

$$\left.\begin{aligned}\frac{\varphi_0}{2} = \frac{e^2}{a}\left\{\frac{8}{\pi}\underset{\substack{l_1+l_2+l_3\\ \text{ungerade}}}{\mathsf{S}'}\frac{e^{-\frac{\pi^2}{a^2\varepsilon^2}(l_1^2+l_2^2+l_3^2)}}{l_1^2+l_2^2+l_3^2} - \frac{2\,a\,\varepsilon}{\sqrt{\pi}}\right.\\ \left. + 2\underset{l}{\mathsf{S}'}(-1)^{l_1+l_2+l_3}\frac{G\left(\frac{a\,\varepsilon}{2}\sqrt{l_1^2+l_2^2+l_3^2}\right)}{\sqrt{l_1^2+l_2^2+l_3^2}}\right\}.\end{aligned}\right\} \tag{4}$$

Die numerische Rechnung gibt für den NaCl-Typus:

$$\frac{\varphi_0}{2} = -\frac{e^2}{a}\cdot 3{,}495115 = -\frac{e^2}{\delta}\frac{\sqrt[3]{2}}{2}\cdot 3{,}495115\,.$$

In ähnlicher Weise sind die elektrostatischen Energiewerte für andere Gittertypen (Cäsiumchlorid, Zinkblende, Wurzit, Flußspat, Cuprit, Rutil, Anatas) berechnet worden.

Nunmehr können wir die für das Kraftgesetz

$$\varphi = -\frac{a}{r^m} + \frac{b}{r^n}, \qquad \Phi_0 = -\frac{A}{\delta^m} + \frac{B}{\delta^n}$$

abgeleitete Beziehung zwischen Energie und Kompressibilität wirklich fruchtbar machen. Wir hatten dort (3. Vorlesung, Formeln (4), (5))

$$\left.\begin{aligned}\varkappa &= \frac{9\,\delta_0}{\left(\frac{d^2\,\Phi_0}{d\,\delta^1}\right)_0} = \frac{9\,\delta_0^{\,m+3}}{A\,m\,(n-m)},\\ \Phi_0 &= -\frac{A\,(n-m)}{n\,\delta_0^{\,m}} = -\frac{9\,\delta_0^{\,3}}{n\,m}\,\frac{1}{\varkappa}.\end{aligned}\right\} \tag{5}$$

Die negative Energie eines Mols des Kristalls soll als „Gitterenergie“ U bezeichnet werden. Ist N die Anzahl der Molekeln pro Mol, so ist also

$$U = -N\,\Phi_0 = -\frac{N}{2}\varphi_0 = N\left(\frac{\alpha\,e^2}{\delta} - \frac{\beta}{\delta^n}\right), \tag{6}$$

wo α die oben berechnete Zahl

$$\left(\text{für Steinsalz} \ldots \qquad \alpha = \frac{\sqrt[3]{3}}{2}\, 3{,}495\,115\right)$$

ist; Abb. 19 (S. 132) stellt diese Funktion und ihre Bestandteile dar. Man hat also $m = 1$ und

$$A = \alpha e^2$$

zu setzen. Dann wird:

$$\left.\begin{aligned} \varkappa &= \frac{9\,\delta_0^{\,4}}{\alpha e^2 (n-1)}, \qquad n = 1 + \frac{9}{\alpha e^2}\,\frac{\delta_0^{\,4}}{\varkappa}, \\ U &= \left(1 - \frac{1}{n}\right) N \alpha \frac{e^2}{\delta_0}. \end{aligned}\right\} \tag{7}$$

Man kann also aus δ_0 und $\varkappa$ den Abstoßungsexponenten n berechnen und dann die Gitterenergie U.

Ist M das Molekulargewicht, so hat man

$$M = \delta^3 N \varrho;$$

dann wird

$$n = 1 + \frac{7{,}701 \cdot 10^{-13}}{\alpha \varkappa} \left(\frac{M}{\varrho}\right)^{\frac{4}{3}}, \tag{8}$$

und im thermischen Maße

$$U = 279{,}1 \cdot \alpha \left(1 - \frac{1}{n}\right) \left(\frac{\varrho}{M}\right)^{\frac{1}{3}} \text{kcal.} \tag{9}$$

Die erste der Formeln (7) ergibt für die Kristalle der Alkali-Haloide Werte von n zwischen 7,8 und 9,8. Rechnet man mit $n = 9$ als Mittelwert, so liefert die zweite Formel (7) z. B.

$$\text{Typus NaCl:} \quad U = 545 \sqrt[3]{\frac{\varrho}{M}},$$

$$\text{Typus CaF:} \quad U = 1770 \sqrt[3]{\frac{\varrho}{M}},$$

$$\text{Typus ZnS:} \quad U = 2120 \sqrt[3]{\frac{\varrho}{M}}.$$

Diese Formeln liefern recht brauchbare Näherungswerte für die Gitterenergie. Das liegt natürlich daran, daß der Hauptanteil der Energie der elektrostatische ist, während die Abstoßungskräfte nur den Anteil $\frac{1}{n}$ neben 1 liefern; es kommt also für die Frage des Energieinhaltes nicht sehr auf eine genaue Kenntnis der Abstoßungskräfte an.

Da die Ionen, aus denen die hier betrachteten Kristalle aufgebaut sind, die Struktur der entsprechenden Edelgasatome haben, so wird man annehmen dürfen, daß diese ungefähr dieselben Werte von n und b besitzen. Dieser Gedanke ist von LENNARD-JONES und TAYLOR verfolgt worden. Sie betrachten die einander ähnlichen Elektronenkonfigurationen O^{--}, F^-, Ne, Na^+, Mg^{++}, ferner S^{--}, Cl^-, A, K^+, Ca^{++} u. v. a. Das Verhältnis der Konstanten b bestimmen sie aus dem Verhältnis der Molrefraktionen; beides sind nämlich Größen, die in einfacher Weise mit dem Ionenradius zusammenhängen. Die Absolutwerte entnehmen sie aus gaskinetischen Beobachtungen an den Edelgasen. Die Abstoßungsexponenten n können wegen der Ähnlichkeit der Ionen für jede solche Reihe als gleich vorausgesetzt werden; es genügt, sie für je einen Kristall zu bestimmen. Sie finden so für die Ne-Reihe $n = 11$, für die A-Reihe $n = 9$, für die Kr-Reihe $n = 10$, für die Xe-Reihe $n = 11$. Auch die Abstoßungsexponenten aus gaskinetischen Werten der Edelgase zu berechnen, reicht die Genauigkeit der Messungen leider nicht aus, da die Abhängigkeit von n zu klein ist. Die beiden genannten Forscher können auf diesem Wege die Gitterkonstanten der Alkalihaloide und der entsprechenden zweiwertigen Verbindungen (also Größen, die in den vorhergehenden Arbeiten als gegeben angesehen werden mußten) in guter Übereinstimmung mit der Erfahrung darstellen. Auch für die elastischen Eigenschaften ergibt sich befriedigende Übereinstimmung. Das Zusammenpassen der verschiedensten Seiten entnommenen Werte zeigt aufs schönste, wie weit entfernte Gebiete der Physik innerlich zusammenhängen.

6. Vorlesung.

Experimentelle Bestimmung der Gitterenergien mittels Kreisprozessen. Die Elektronenaffinität der Halogene. Die Dissoziationswärme polarisierbarer Ionengitter. Theorie des Molekülbaus.

Leider ist die Gitterenergie keine direkt meßbare Größe; doch kann sie mit meßbaren Größen in Beziehung gesetzt werden. Hierzu kann man einen gedachten Kreisprozeß gebrauchen, der durch folgendes Schema dargestellt wird.

Beginnen wir links oben, so haben wir dort ein Mol des festen Metalls $[M]$ und ein halbes Mol des gasförmigen, zweiatomigen Halogens, $\frac{1}{2} X_2$. Diese verbinden sich zu dem festen

Salze $[MX]$ unter Freiwerden der direkt meßbaren chemischen Wärmetönung Q_{MX}. Das Salz denken wir uns durch Aufwendung der Gitterenergie $(-U_{MX})$ zerlegt in die „Ionengase“ M^+ und X^-. Dem Halogenion entreißen wir ein Elektron unter Aufwendung von Arbeit $(-E_X)$, wobei E_X das Maß der Elektronenaffinität ist; zugleich erlauben wir dem Elektron, sich an das Metallion anzulagern, wobei die Ionisierungsarbeit J_M frei wird. Nunmehr haben wir aus den neutralen Atomen M, X bestehenden Dampf; die Metallatome lassen wir kondensieren unter Freiwerden der Sublimationswärme S_M, die Halogenatome verbinden sich zu Molekülen unter Freiwerden der Dissoziationswärme D_X. Damit sind wir zum Ausgangszustand $[M]$, $\frac{1}{2}X_2$ zurückgelangt.

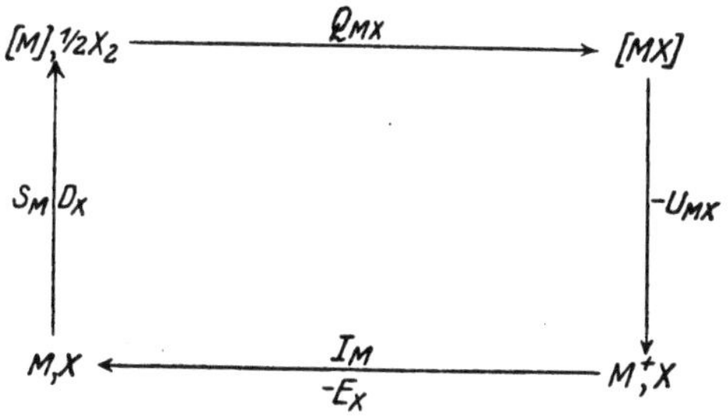

Abb. 25. Kreisprozeß zur Bestimmung der Gitterenergie.

Im ganzen wird also die Energie des Systems nicht geändert:

$$Q_{MX} - U_{MX} + (J_M + S_M) + (D_X - E_X) = 0. \tag{1}$$

In dieser Gleichung sind folgende Größen experimentell bestimmbar:

Q_{MX} durch calorimetrische Messungen,

S_M calorimetrisch oder durch Messung des Sublimationsdrucks als Funktion der Temperatur (unter Benutzung der Clausius-Clapeyronschen Formel),

D_X durch Messung der Dissationskonstante als Funktion der Temperatur (unter Benutzung der van t'Hoffschen Gleichung),

J_M durch die Methode des Elektronenstoßes nach Franck und Hertz, kontrolliert und verbessert durch optische Messungen ($J_M = h\nu_\infty$, wo h die Plaucksche Konstante, ν_∞ die Frequenz der Grenze der Hauptserie im Spektrum des Metalldampfs ist).

E_X auf optischem Wege. Nach Franck gelangt man hierzu auf folgendem Wege:

Wenn man in einem Halogengas bei hohen Temperaturen eine merkliche Anzahl negativer Ionen X^- hat, so muß man ein kontinuierliches Spektrum beobachten mit einer scharfen Kante auf der langwelligen Seite; dieses entsteht z. B. in Absorption dadurch, daß das Licht dem X-Ion das überzählige Elektron entreißt, und die kleinste Frequenz $\nu_{\min}$, die das leistet, entspricht der Elektronenaffinität nach der Formel $E = h\nu_{\min}$. FRANCK glaubte auch in Spektralaufnahmen in Emission von STEUBING (beim J) und EDER und VALENTA (beim Br) dieses Band und die Kante gefunden zu haben; genauere Untersuchungen, an denen besonders STEUBING, v. ANGERER, GERLACH, OLDENBERG beteiligt waren, haben aber gezeigt, daß es sich um eine Art Bandenspektrum andern Ursprungs handelt. Erst neuerdings glauben v. ANGERER und A. MÜLLER das FRANCKsche Spektrum in Absorption wirklich gefunden zu haben und geben die Werte an:

$$E_{\mathrm{F}} = 94, \quad E_{\mathrm{Cl}} = 88, \quad E_{\mathrm{Br}} = 80, \quad E_{\mathrm{J}} = 71 \text{ kcal.}$$

Wenn man diese Werte (unter Vorbehalt) benutzt, bekommt man folgende Tabelle:

	U_{beob}	U_{ber}
NaCl	181	182
NaBr	176	171
NaJ	166	158
KCl	163	162
KBr	160	155
KJ	151	144
RbCl	159	155
RbBr	157	148
RbJ	148	138

Die Übereinstimmung liegt vollkommen in den durch die Unsicherheit der Beobachtungen gegebenen Grenzen. Man kann wohl sagen, daß die berechneten Gitterenergien U_{ber} mit ziemlich großer Annäherung richtig sind. Eine genauere Diskussion müßte auch die neuesten Messungen der thermischen Größen (Dissoziations-, Sublimationswärmen) und ihre Temperaturabhängigkeit in Betracht ziehen und ist noch nicht durchgeführt worden; man müßte dazu wohl auch erst die Klärung der Frage der Elektronenaffinität abwarten.

Würde man die Energie der Moleküle des Salzdampfes MX kennen, d. h. die zur Zerlegung von MX in die Ionen M^+, X^-

nötige Arbeit, so hätte man einen neuen Weg zur Bestimmung der Gitterenergie mit Hilfe des folgenden Kreisprozesses:

Hier bedeutet $[MX]$ das feste Salz; es wird unter Aufwendung der Gitterenergie in die Ionen M^+, X^- zerlegt, und diese vereinigen sich unter Freiwerden der Dissoziationswärme D_{MX} zum Molekül MX. Die Moleküle kondensieren dann zum festen Salze unter Freiwerden der Sublimationswärme. Man hat also

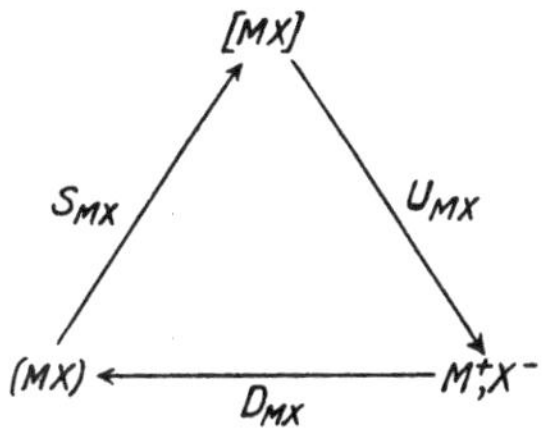

Abb. 26. Kreisprozeß zur Bestimmung der Dissoziationsenergie von Salzmolekülen.

$$U_{MX} = S_{MX} + D_{MX}. \qquad (4)$$

S_{MX} ist neuerdings durch Messungen v. Wartenbergs und seiner Schüler recht genau bekannt; nicht aber D_{MX}. Darum haben Heisenberg und ich den Weg eingeschlagen, auch D_{MX} theoretisch ist zu berechnen.

Hierbei muß man aber, wie ich schon früher (2. Vorlesung) betont habe, nicht nur die elektrostatischen Kräfte berücksichtigen, sondern auch die Polarisierbarkeit der Ionen; denn im zweiatomigen Molekül wird jedes Ion von einseitig gerichteten Kräften angegriffen und deformiert. Man hat daher für die potentielle Energie des Moleküls des Salzdampfs anzusetzen:

$$\Phi = -\frac{e^2}{r} + \frac{b}{r^n} + \frac{p_1 e - p_2 e}{r^2} + \frac{p_1^2}{2\alpha_1} + \frac{p_2^2}{2\alpha_2}, \qquad (5)$$

wo p_1, p_2 die elektrischen Momente der beiden Ionen, α_1, α_2 ihre Polarisierbarkeiten bedeuten. Die Gleichgewichtsbedingungen für p_1, p_2 geben:

$$\frac{\partial \Phi}{\partial p_1} = \frac{e}{r^2} + \frac{p_1}{\alpha_1} = 0, \qquad \frac{\partial \Phi}{\partial p_2} = -\frac{e}{r^2} + \frac{p_2}{\alpha_2} = 0,$$

$$p_1 = -\frac{\alpha_1 e}{r^2}, \quad p_2 = \frac{e\alpha_2}{r^2},$$

und damit wird

$$\Phi = -\frac{e^2}{r} + \frac{b}{r^n} - \frac{e^2}{2}(\alpha_1 + \alpha_2)\frac{1}{r^4}. \qquad (6)$$

Hier nimmt man für n und b die aus der Gittertheorie folgenden Werte (z. B. $n = 9$) α_1, α_2 sind aus der Dielektrizitätskonstante ε des Salzes oder seiner Lösungen bestimmbar; statt dieser kann man auch den genauer meßbaren Wert des Brechungsindex n für lange Wellen nehmen, denn dann gilt das MAXWELLsche Gesetz $n^2 = \varepsilon$. Solche Bestimmungen sind von HEYDWEILLER, WASASTJERNA, FAJANS und JOOS, auch von HEISENBERG und mir ausgeführt worden. Ihr Grundgedanke ist der: Betrachten wir der Einfachheit halber den Salzdampf, so ist das elektrische Moment P pro Volumeneinheit (N Moleküle), das durch ein Feld E erzeugt wird, offenbar

$$P = N(\alpha_1 + \alpha_2) E,$$

wobei die Annahme gemacht ist, daß alle Ionen unabhängig voneinander deformiert werden. Nach der MAXWELLschen Theorie aber ist

$$4\pi P = (\varepsilon - 1) E = (n^2 - 1) E.$$

Daher hat man

$$\alpha_1 + \alpha_2 = \frac{n^2 - 1}{4\pi N}. \tag{7}$$

Handelt es sich nicht um den Dampf, sondern die Lösung oder das feste Salz, so ist noch die enge Packung der Ionen zu berücksichtigen; das geschieht in roher Weise, indem man statt $n^2 - 1$ den Ausdruck $3\,\dfrac{n^2 - 1}{n^2 + 2}$ setzt.

Nunmehr hat man alle Daten, um aus

$$\frac{d\Phi}{dr} = \frac{e^2}{r^2} - \frac{nb}{r^{n+1}} + 2e^2(\alpha_1 + \alpha_2)\frac{1}{r^5} = 0 \tag{8}$$

den Gleichgewichtsabstand r_0 der Ionen in dem Molekül und daraus dann die Energie Φ_0 des Moleküls zu berechnen. Dieser Wert multipliziert mit der Anzahl der Moleküle pro Mol ist gleich D_{MX}. Setzt man die gefundenen Zahlenwerte in die Gleichung (4) ein, so erhält man Werte der Gitterenergie in naher Übereinstimmung mit den direkt berechneten.

Diese einfachen Ansätze zu einer Theorie der Moleküle sind von meinen Mitarbeitern weitergeführt worden. Zuerst hat HEISENBERG dreiatomige Moleküle, z. B. vom Typus des Wasserdampfs H_2O, untersucht und gezeigt, daß hier die symmetrische Anordnung

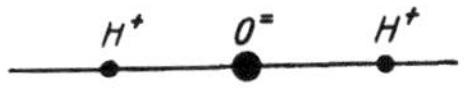

Abb. 27.

zwar bei nicht-polarisierbarem Zentralatom die einzig stabile ist, nicht aber bei polarisierbarem Zentralatom; hier gibt es eine stabilere geradlinige Form mit asymmetrisch gelagerten H^+-Ionen.

Abb. 28.

HUND hat dann gezeigt, daß auch diese nicht die stabilste Form ist, sondern das gleichschenklige Dreieck.

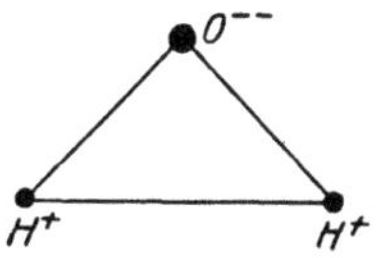

Abb. 29. Molekül des Wasserdampfs.

Quantitative Rechnungen der Energiewerte sind allerdings nicht ohne weiteres möglich, da das H^+-Ion, der nackte H-Kern, in das große $O^=$-Ion eindringt. Hier hat HUND ein neues Verfahren eingeschlagen; er hat nicht mehr die Energiefunktion durch einen Ansatz a priori festgelegt, sondern sie durch die Heranziehung aller bekannten Daten, vor allem der Bandenspektra, empirisch bestimmt. Diese Methode führte zuerst bei den Halogenwasserstoffen zum Erfolg und lieferte dann auch sehr bestimmte Aussagen über die Anordnung der Ionen in H_2O, NH_3, CH_4 usw. und die quantitativen Verhältnisse hinsichtlich der Abstände und der Energie.

Andere meiner Mitarbeiter (HUND, KORNFELD, ROLAN) haben die Eigenfrequenzen solcher Ionen, z. B. des Carbonations CO_3, berechnet und mit den Messungen der ultraroten Absorptionsbanden von SCHÄFER und seinen Mitarbeitern verglichen.

Kehren wir nun nach dieser Abschweifung zur eigentlichen Gittertheorie zurück, so dürfen wir wohl sagen, daß die Auffassung der Kohäsion des Gitters als Folge der elektrostatischen Anziehung der Ionen sich gut bewährt hat. Aber auch ganz unabhängig von der theoretischen Berechnung der Gittertheorie hat sich dieser Begriff für die Chemie als nützlich erwiesen. Die oben angegebenen Kreisprozesse führen deutlich vor Augen, daß die calorimetrisch meßbaren Wärmetönungen der chemischen Prozesse sich in recht verwickelter Weise aus Elementargrößen aufbauen, die teilweise den einzelnen Ionen eigentümlich sind, teilweise der Aneinanderlagerung der Ionen. Es ist klar, daß diese Elementargrößen einfacheren Gesetzen folgen werden als die resultierende Wärmetönung. Dies hat besonders Grimm erkannt und gefunden, daß die aus empirischen Daten bestimmten (relativen) Gitterenergien in der Tat durchsichtige Beziehungen zur Atomstruktur und dem periodischen System der Elemente zeigen. Er konnte auf diese Weise ein großes Material der anorganischen Chemie ordnen und verständlich machen. Hierzu gehören auch die Erscheinungen, daß manche festen Verbindungen beträchtliche Mengen von Wasser oder Ammoniak aufnehmen können; sie lassen sich nach Biltz und Grimm durch Abschätzung der Gitterenergien erklären.

7. Vorlesung.

Chemische Mineralogie. Die Koordinationsgitter. Hunds Theorie der Gittertypen. Molekül-, Radikalionen- und Schichtengitter.

Wir kommen nun zu der wichtigen Frage, warum gewisse Ionen sich in einem Gittertyp zusammenfinden, gewisse Ionen in einem andern Typ. Es handelt sich also um das Grundproblem der chemischen Mineralogie. Hierzu hat Hund neuerdings einen theoretischen Beitrag vom Standpunkt unserer elektrostatischen Auffassung der Gitterkräfte geliefert. Er versucht das Auftreten der verschiedenen Gittertypen rein energetisch zu verstehen: diejenige Struktur ist die stabilste, die bei gegebenen Ionen zur größten Gitterenergie ($U = -\Phi$, also zum tiefsten Energieniveau) führt. Dabei sind die Ionen durch möglichst wenige Konstanten zu definieren. Handelt es sich um Gitter, bei denen gleichartige Ionen gleiche Umgebungen haben, sogenannte „Koordinationsgitter" (nach Kossel), so wird man die Ionen nur durch die Konstanten b, n des Abstoßungsgliedes $b r^{-n}$ in der potentiellen Energie unterscheiden; da man aber b durch die Gleichgewichtsbedingung eliminieren, d. h. auf den Ionenabstand reduzieren kann, so bleibt für den Vergleich von Koordinationsgittern im wesentlichen nur der Exponent n als Konstante des Ions zur Verfügung. Bei allgemeineren Gittern, die Moleküle als Bausteine erkennen lassen, tritt dazu noch die Deformierbarkeit α.

Die Koordinationsgitter kann man nach einem rein geometrischen Gesichtspunkt klassifizieren, nämlich nach der Zahl der Nachbarn, die ein Ion hat. Vom chemischen Standpunkt ist diese Zahl die „Koordinationszahl" von Werner.

Folgende Fälle sind möglich:

1. 12 Nachbarn in den Richtungen der Flächendiagonalen eines Würfels;

2. 8 Nachbarn in den Richtungen der Raumdiagonalen des Würfels;

3. 6 Nachbarn in den Richtungen der Kanten des Würfels;

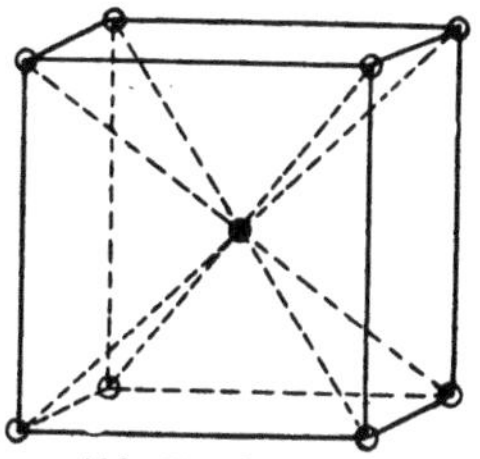

Abb. 30. Cäsiumchlorid.

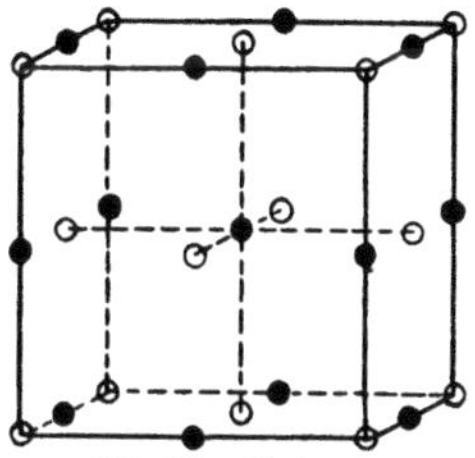

Abb. 31. Steinsalz.

4. 4 Nachbarn in den Richtungen der Raumdiagonalen des Würfels;

5. 3 Nachbarn in einem Dreieck.

6. 2 Nachbarn in einer Geraden.

Bei Verbindungen der Form XY läßt sich der Fall mit der Koordinationszahl 12 nicht realisieren. Man erhält folgende möglichen Kristalltypen:

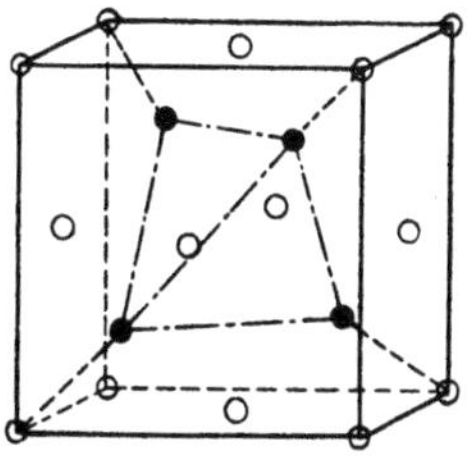

Abb. 32. Zinkblende.

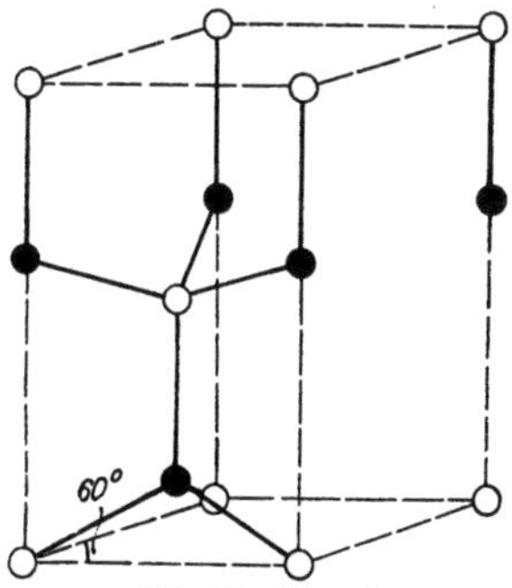

Abb. 33. Wurzit.

Formel XY:

Koordinationszahl 8: führt auf den Cäsiumchloridtyp (Abb. 30);
„ 6: „ „ „ Steinsalztyp (Abb. 31);
„ 4: „ „ die beiden ZnS-Modifikationen Zinkblende (Abb. 32) und Wurzit (Abb. 33).

Bei Verbindungen der Form XY_2 hat jedes X-Ion doppelt so viele Nachbarn als jedes Y-Ion; man erhält folgende möglichen Anordnungen:

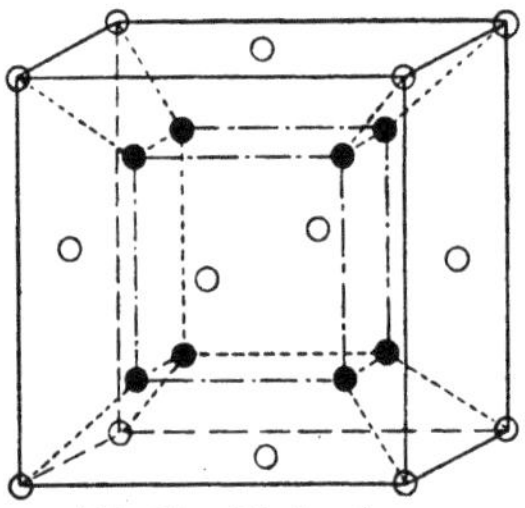

Abb. 34. Flußspat.

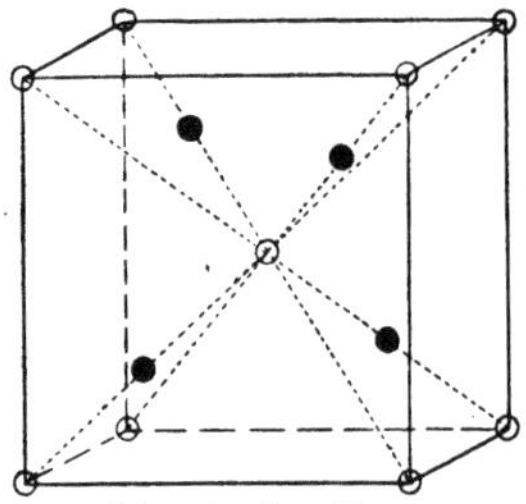

Abb. 35. Cuprit.

Formel XY_2:

Koordinationszahlen 8, 4: führt auf den Flußspattyp (Abb. 34);
„ 4, 2: „ „ „ Cuprittyp (Abb. 35);
„ 6, 3: läßt sich nicht streng durchführen; ist angenähert realisiert in den TiO_2-Modifikationen Anatas (Abb. 36) und Rutil (Abbildung 37).

Wir vergleichen nun diese Typen hinsichtlich ihrer energetischen Stabilität. Die Gitterenergie pro Molekül für eine Verbindung XY sei

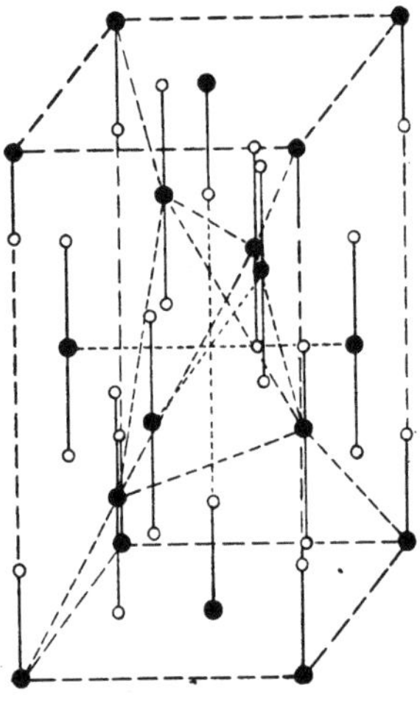

Abb. 36. Anatas.

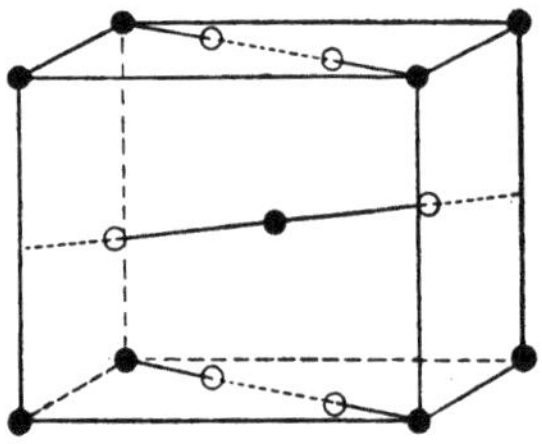

Abb. 37. Rutil.

$$M = -\frac{Z\alpha^2 e^2}{r} + \frac{b}{r^n};$$

dabei soll r der kleinste Abstand ungleichartiger Ionen sein, α die „MADELUNGsche Konstante“ des Gitters (pro Ladung 1 des Ions), die wir zu berechnen gelernt haben, e die Ladung des Elektrons und Z die Wertigkeit der Ionen.

Ist n sehr groß, so wirkt die Abstoßungskraft br^{-n} so, als ob die Ionen starre Kugeln wären; dann kommen benachbarte, ungleichartige Ionen in einem bestimmten Abstand r zur Berührung, der unabhängig ist vom Gittertyp. Die Gitterenergie wird also direkt durch den Wert von α gemessen. Für den Steinsalztyp hatten wir oben gefunden: $\frac{\varphi_0}{2} = -\frac{e^2}{a} \cdot 3{,}495\ldots$; dabei ist a die Kante des Elementarwürfels, also $a = 2r$. Daher ist hier $(Z = 1)$ $\alpha = \frac{1}{2} \cdot 3{,}495 = 1{,}748$. Führt man die Rechnung für die andern Gittertypen durch, so findet man:

Koordinatenzahl	8:	CsCl-Typ:	$\alpha = 1{,}762$,
„	6:	NaCl „:	$\alpha = 1{,}748$,
„	4:	ZnS „:	$\alpha = 1{,}639$.

Es ist also für große n zu erwarten, daß der Typ, wo jedes Ion die meisten Nachbarn hat, der CsCl-Typ, der stabilste ist; dann folgen die Typen NaCl und ZnS (wobei übrigens die Typen Zinkblende und Wurzit einen fast genau gleichen α-Wert ergeben). Bei kleinerem n fällt nun die Abstoßungskraft mehr ins Gewicht, und zwar gerade bei größerer Zahl von Nachbarn am stärksten; daher können sich die Verhältnisse hier sehr ändern. Hund hat, zum Teil nach Tabellen von Jones und Ingham, die Gittersummen des Abstoßungspotentials für die Werte von $n = 4$ bis $n = 36$ ausgerechnet, wobei er auch noch das Verhältnis der Abstoßungskonstanten b von gleichartigen und ungleichartigen Ionen variierte. Das Resultat ist:

Oberhalb von $n = 35$ erweist sich der CsCl-Typ als der stabilste, zwischen $n = 35$ und $n = 6$ der NaCl-Typ, unterhalb $n = 6$ der ZnS-Typ.

Das stimmt qualitativ mit der Erfahrung überein. Man kann ja die n-Werte aus der Kompressibilität entnehmen oder, wenn diese nicht bekannt ist, aus der Gitterenergie abschätzen, indem man diese mit Hilfe des Kreisprozesses bestimmt. Dann findet man, daß in der Tat für die Salze CsCl, CsBr, CsJ, die im CsCl-Typus kristallisieren, n größer ist als bei allen andern Alkalihaloiden; allerdings ist die quantitative Übereinstimmung nicht gut, denn aus diesen Salzen folgt die Grenze $n > 10$ statt des theoretischen Wertes $n > 36$. Bei ZnS liegt tatsächlich n besonders niedrig ($n = 4$), wie es nach der Theorie zu erwarten ist. Hund hat in diesem Sinne das ganze bekannte Material diskutiert mit dem Ergebnis, daß sein Erklärungsprinzip zum mindesten einen wesentlichen Punkt der Erscheinung trifft.

Ähnlich liegt es bei den Verbindungen vom Typus XY_2. Hier gibt die Rechnung für die Konstante α die Reihenfolge:

Koordinatenzahlen	8, 4:	Flußspat	$\alpha = 5{,}039$,
„	6, 3:	Rutil (Anatas)	$\alpha = 4{,}81$,
„	4, 2:	Cuprit	$\alpha = 4{,}115$.

Bei großem n muß also der Flußspattyp am stabilsten sein. Bei kleinerem n findet man, daß etwa bei $n = 7$ der Rutiltyp stabiler wird; der Cuprittyp wird aber nicht erreicht. In der Tat ist der Flußspattyp bei den Fluoriden der Alkalien und den Oxyden der vierwertigen Elemente (mit edelgasartigen Ionen) vorherrschend; nur bei sehr kleinen Ionen tritt der Rutil-(bzw. Anatas-)Typ auf. Die Erscheinung des Cuprittyps kann so nicht erklärt werden; es ist aber auch nicht zu erwarten, daß die einfache Vorstellung eines kugelsymmetrischen Ions in allen Fällen ausreicht, besonders nicht dann, wenn es sich um nicht-edelgasartige Ionen (wie Cu^+) handelt.

Berücksichtigt man die bisher vernachlässigte Polarisierbarkeit der Ionen, so sind ganz neue Gittertypen möglich: „Molekülgitter" wie HCl, „Radikalionengitter" wie $CaCO_3$ (s. Abb. 38, S. 164), „Schichtengitter", d. h. solche Gitter, bei denen Paare oder Tripel von Netzebenen in einem engeren Verbande stehen, wie z. B. beim CdJ_2-Typus; hier hat man eine trigonal besetzte Ebene der weniger polarisierbaren Cd-Ionen, beiderseits umgeben von zwei ebenfalls regelmäßig trigonal besetzten J-Ebenen, und diese Tripelschichten folgen sich in regelmäßigen Abständen (Abb. 38). Man kann nun in ähnlicher Weise, wie die Struktur einzelner Ionen oder Radikale, auch diese Gitter untersuchen, indem man ihre Stabilität als Funktion der Polarisierbarkeit α berechnet. Dann kommt man zu dem Ergebnis, daß für

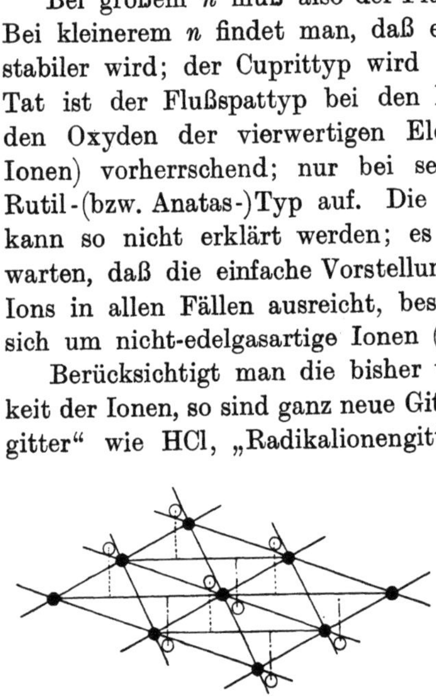

Abb. 38. Cadmiumjodid.

kleine α die Koordinationsgitter am stabilsten sind, bei großem α aber die Molekül-, Radikal- oder Schichtengitter stabiler werden können, indem die Deformationsenergie in den Molekülen, Radikalen oder Schichten die durch Auflockerung des Gefüges auftretende Abnahme der Gitterenergie überragt. Dabei kommt es auf das Verhältnis der Größe α (die die Dimension eines Volumens hat) zum Kubus des Ionenabstandes r an. Wenn eines der Ionen ein kleines Volumen hat, so wird r klein, also α im Verhältnis zu r groß; dann wird zu erwarten sein, daß ein Molekül- oder Schichtengitter auftritt. In der Tat sind die H-Verbindungen, wie HCl usw., typische Molekülgitter. Bei CdJ_2 ist Cd zweifach positiv geladen, also viel kleiner als das negativ geladene J; daher haben wir hier ein Schichtengitter. Ähnlich sind viele andere Fälle verständlich.

8. Vorlesung.

Physikalische Mineralogie. Die Parameter unsymmetrischer Gitter. Das Molekülgitter des Chlorwasserstoffs. BRAGGS Berechnung des Rhomboederwinkels von Kalkspat. Achsenverhältnis von Rutil und Anatas. Einfluß der Polarisierbarkeit auf die elastischen und elektrischen Konstanten. Gitterkräfte und chemische Valenzen. Die Zerreißfestigkeit des Steinsalzes.

Bei strengen Koordinationsgittern ist die Form der Zelle und die Lage aller Gitterpunkte durch die Symmetrieeigenschaften bestimmt; bei Gittern, die nur angenähert die Koordinationsbedingung (gleiche Umgebung gleichartiger Partikel) erfüllen, und noch mehr bei Molekül-, Radikal- und Schichtengittern treten „Parameter" auf, d. h. Bestimmungsstücke, die nicht durch die Symmetrie festgelegt sind. Hier begegnet man dem Problem, diese Parameter theoretisch zu berechnen; man stößt damit auf eine der Grundfragen der physikalischen Mineralogie.

Bei unserer heutigen Kenntnis der Molekularkräfte können wir nur dann hoffen, eine Antwort zu finden, wenn wir damit rechnen dürfen, daß der Hauptanteil der Kräfte elektrostatischen Ursprungs ist. Damit scheiden die Molekülgitter im wesentlichen aus; der einzige Versuch einer quantitativen Abschätzung wurde von KORNFELD und mir an den festen Halogenwasserstoffen angestellt. Wir überlegten, daß die Moleküle vom Typus

HCl als elektrische Dipole Anziehungskräfte aufeinander ausüben müßten, und berechneten daraus die Energie des Molekülgitters, die in diesem Falle gleich der Sublimationswärme ist. Als „Parameter“ erscheint dabei das Moment des Dipols jedes Moleküls oder die daraus durch Division mit der Elementarladung e entstehende „Länge“ des Dipols. Nach unseren Formeln kann man diese aus der Sublimationswärme berechnen, wenn die Struktur des Molekülgitters bekannt ist; wir fanden unter der Annahme eines einfachen regulären Gitters dieselbe Größenordnung für die Dipollänge, wie sie aus ganz anderen Experimenten (Temperaturabhängigkeit der Dielektrizitätskonstante der Gase, nach DEBYE) bekannt ist. Später wurde das wirkliche Gitter röntgenologisch von SIMON und SIMSON bestimmt; es ergab sich etwas anders als wir angenommen hatten, aber eine Wiederholung unserer Rechnung auf dieser Basis machte die Übereinstimmung nicht besser. Es ist ja auch kaum zu erwarten, daß bei der großen Annäherung der Moleküle im Kristall die Wechselwirkung einfach durch feste Dipole beschrieben werden kann.

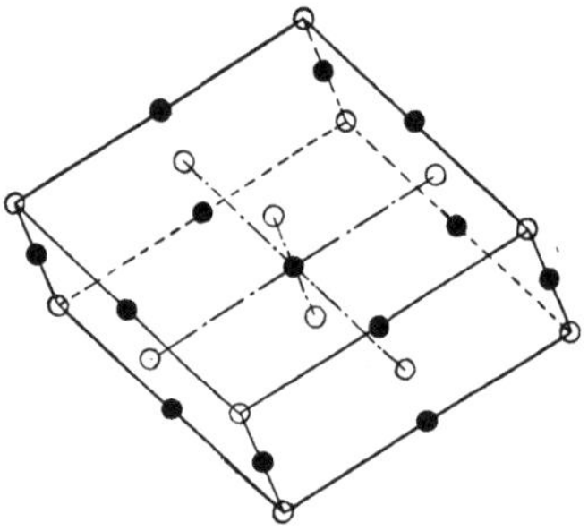

Abb. 39. Kalkspat.

Bei Gittern, die aus Radikalionen aufgebaut sind, hat man Aussicht auf mehr Erfolg, weil es sich hier um die Anziehung freier Ladungen handelt. Ein Problem dieser Art wurde von BRAGG in Angriff genommen; er untersuchte den Kalkspat, $CaCO_3$, und berechnete einen geometrischen Parameter, den Winkel der rhomboedrischen Zelle (Abb. 39). In diesem Kristall ist das Radikalion $CO_3^{=}$ zweifach negativ, das Metallion Ca^{++} zweifach positiv geladen. Die Form des $CO_3^{=}$-Ions ist die eines gleichseitigen Dreiecks mit dem C-Atom als Mittelpunkt und den O-Atomen in den Ecken; dieses Gebilde ist äußerst fest, seine Kohäsion beruht vor allem darauf, daß das C-Atom seine vier äußeren Elektronen abgegeben hat, die zusammen mit zwei fremden Elektronen jedes der drei O-Atome zu edelgasartigen $O^{=}$-Ionen ergänzen. BRAGG nimmt daher dieses Radikal als starr an, seine Dimensionen bestimmt durch die röntgenometrische Messung. Das Gitter läßt sich als ein modifiziertes Steinsalzgitter beschreiben; da die eine Ionenart nicht kugelsymmetrisch, sondern ein Dreieck ist, so ist die Zelle kein Würfel, sondern ein Rhomboeder, das durch Deformation in der Richtung der Raumdiagonalen, senkrecht auf der Dreiecksebene, aus dem Würfel entsteht. BRAGG nimmt nun an, daß außer dem Dreieck $CO_3^{=}$ auch der Abstand benachbarter Ionen $CO_3^{=}$ und Ca^{++} starr ist; dann kann noch immer die Höhe des Rhomboeders oder, was dasselbe bedeutet, sein Winkel stetig verändert werden. Diesen Parameter berechnet nun BRAGG aus dem Prinzip der kleinsten elektrostatischen Energie, indem er den Ionen die oben angegebenen Ladungen zuweist.

Er findet auch einen Winkel, der nur wenige Grad von dem wirklichen abweicht. Doch ist das Resultat darum nicht sehr befriedigend, weil der zweite Parameter, die effektive Größe des CO_3-Dreiecks, als empirisch gegeben angenommen wird; oder, da die Röntgenbestimmungen von Parametern nicht sehr genau sind, so kann BRAGG die Dreiecksgröße umgekehrt so wählen, daß die Übereinstimmung des Winkels erreicht wird.

Um diesen Nachteil zu vermeiden, habe ich versucht, den Parameter von Gittern zu bestimmen, die nahezu Koordinationsgitter sind, nämlich der beiden Modifikationen des TiO_2, Rutil und Anatas (s. Abb. 36, 37, S. 160). Diese Rechnungen sind von BOLLNOW durchgeführt worden. Wir sind diesen tetragonalen Gittern schon oben begegnet als denen, die die Koordinationszahlen 6 und 3 haben. Jedes Ti-Ion hat 6 O-Nachbarn, die sich in den Ecken eines Oktaeders anzuordnen streben; jedes $O^{=}$-Ion hat 3 Ti-Nachbarn, die ein gleichseitiges Dreieck zu bilden suchen. Ein Gitter, das diese beiden Tendenzen exakt zu erfüllen erlaubt, gibt es nicht; es stellt sich ein Kompromiß ein. Denken wir uns die Abstände der Nachbarn Ti, O starr, so kann man sowohl das Rutil- wie das Anatas-Gitter noch immer stetig deformieren, indem man das Verhältnis γ der Höhe der tetragonalen Zelle zur Kante der quadratischen Grundfläche ändert (Abb. 40). Dabei gelangt man von einem Grenzfall, wo das oktaedrische Koordinationsbestreben der Ti-Umgebung erfüllt ist, stetig zu dem Grenzfall, wo das Dreiecksbestreben der O-Umgebung erfüllt ist; für diese Grenzfälle ergibt sich rein geometrisch

$$\text{bei Rutil} \begin{cases} \gamma_{\mathrm{Ti}} = 0{,}293\,, \\ \gamma_0 \;= 0{,}333\,, \end{cases}$$

$$\text{bei Anatas} \begin{cases} \gamma_{\mathrm{Ti}} = 0{,}250\,, \\ \gamma_0 \;= 0{,}167\,. \end{cases}$$

Das Intervall zwischen diesen Grenzen ist relativ klein, und daraus erklärt es sich, daß überhaupt ein Quasi-Koordinationsgitter als Kompromiß zustande kommt.

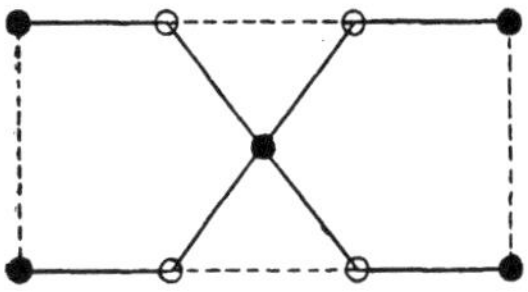

Abb. 40. Diagonalebene des Rutil.

Der wirkliche Wert von γ wird nun wieder durch das Minimum der elektrostatischen Energie bestimmt, wobei die kleinen Änderungen der Entfernungen vernachlässigt werden. Man findet bei Rutil $\gamma = 0{,}315$, während die Beobachtungen an den Kristallen PbO_2, SnO_2, MgF_2, TiO_2, MnO_2 Werte zwischen 0,303 und 0,315 liefern; die Abweichungen zeigen einen Gang mit der Ionengröße, der theoretisch verständlich ist. Bei Anatas ist der berechnete Wert $\gamma = 0{,}198$, während die Beobachtung 0,206 liefert.

Die Gitterenergie pro Molekel ist für beide Kristallformen fast gleich; die oben gebrauchte Konstante α ist nämlich

$$\text{für Rutil } 4{,}82\,, \qquad \text{für Anatas } 4{,}80\,.$$

Das erklärt das Auftreten beider Formen in der Natur. Bei den chemischen Rechnungen oben haben wir den Mittelwert 4,81 angegeben.

Aus diesen Betrachtungen geht wohl zur Genüge hervor, welche Rolle die elektrostatischen Kräfte beim Aufbau der Kristalle spielen. Man kann sagen, daß eine rohe Bestimmung des elektrischen Elementarquantums e, zum mindesten die Festlegung der Wertigkeit eines Ions, durch Messung von Kristalleigenschaften möglich ist. Aber die elektrostatische Theorie hat auch ihre Grenzen, nämlich überall dort, wo spezifische Eigenschaften der Bausteine in Betracht kommen. Die Berücksichtigung der Polarisierbarkeit führt etwas weiter, wie wir an einigen Beispielen gesehen haben. HECKMANN hat diese Frage sorgfältig untersucht. Sein Ergebnis ist, daß von den feineren Kristalleigenschaften, wie Elastizität, Piezoelektrizität, dielektrische Erregbarkeit, nur wenige quantitativ berechnet werden können, nämlich die, bei denen die Deformierbarkeit der Ionen keine wesentliche Rolle spielt. Bei regulären Kristallen sind das die beiden Elastizitatskonstanten A, B; die in der Relation zwischen Dehnung und Normaldruck

$$-X_x = A x_x + B(y_y + z_z)$$

auftreten. Für einige Kristalltypen sind diese auch aus Ionenladung und Gitterkonstante mit gutem Erfolg berechnet worden; hier hätte man also umgekehrt eine rohe e-Bestimmung aus elastischen Messungen. Aber bei den Konstanten der Piezoelektrizität und dielektrischen Erregung versagt die Theorie; wir haben die Gründe hierfür schon oben in dem Abschnitt über die formale Gittertheorie erörtert. Der Mechanismus dieser Vorgänge ist eben zu fein, um durch die Annahme einer linearen Polarisierbarkeit der Ionen beschrieben werden zu können.

Zum Schlusse dieser Betrachtungen möchte ich aber noch eine recht drastische Bestätigung einer der Grundlagen unserer Theorie erwähnen, nämlich der wohl zuerst von Nernst formulierten Annahme, daß bei den Ionengittern mechanische Kohäsion des festen Körpers und chemische Anziehung seiner Teilchen ein und dasselbe sind, beides Erscheinungen der elektrostatischen Anziehung der Ionenladungen. Diese Bestätigung kam durch die Messung der Zerreißfestigkeit der Kristalle.

Solche Messungen an Steinsalz sind schon vor längerer Zeit von Voigt und Sella gemacht worden und bereiteten zunächst der elektrostatischen Gittertheorie ernste Schwierigkeiten. Es ist nämlich leicht, bei gegebenem Kraftgesetz die Zerreißfestigkeit von Steinsalz zu berechnen. Dazu denkt man sich das kubische Steinsalzgitter mit der Würfelkante a_0 durch einseitige Drehung in ein tetragonales Gitter verwandelt, dessen Zelle eine quadratische Grundfläche mit der Kante a und die Höhe h hat. Dann kann man die Gitterenergie, etwa für das Kraftgesetz

$$\varphi = \pm \frac{e^2}{r} + \frac{b}{r^n},$$

als Funktion von a und h berechnen und erhält eine Funktion $\Phi(a, h)$. Aber da die Querkontraktion eine Folge der Dehnung ist, so ist a eine Funktion von h, zu gewinnen als Lösung der Gleichung

$$\frac{\partial \Phi(a, h)}{\partial a} = 0.$$

Setzt man diese Funktion $a(h)$ in Φ ein, so wird Φ nur von h abhängig; dann ist

$$K = -\frac{d\Phi}{dh}$$

die Kraft, die zur Dehnung notwendig ist. Läßt man h von dem Wert a_0, der Kante des Würfels im undeformierten Gitter, aus wachsen, so nimmt K zunächst zu, erreicht ein Maximum K_z und nimmt dann rasch ab. K_z ist die Zerreißfestigkeit.

Die numerische Rechnung, die ZWICKY veröffentlicht hat, gibt für K_z Werte, die etwa 400 mal größer sind als die genannten Messungen. Doch hat es sich in diesem Falle gezeigt, daß die Theorie recht behielt; die Experimente lieferten nicht die wahre, „atomare“ Reißfestigkeit, sondern einen durch Oberflächenerscheinungen, wohl kleine Risse, bedingten Wert. Dies wurde von JOFFÉ und seinen Mitarbeitern dadurch nachgewiesen, daß sie das Zerreißen unter Wasser vornahmen; dann wird die Oberfläche durch Auflösen von Unebenheiten und Rissen befreit, ein Reißen von der Oberfläche her wird vermieden und die Festigkeit steigt erheblich, auf etwa $^3/_4$ des theoretischen Wertes. Ob dabei die natürliche Festigkeit des Kristalls unmittelbar in Erscheinung tritt oder ob die vorher einsetzenden Fließvorgänge eine „Verfestigung“ durch Beseitigung von Gitterstörungen bedingen, ist für unseren Zweck unwesentlich. Denn es kommt uns nur darauf an, zu zeigen, daß die aus der elektrostatischen Anziehung der Ionen bedingte Festigkeit unter geeigneten Bedingungen wirklich erreicht wird, daß also die mechanische Kohäsion identisch ist mit den Kräften, die bei der Berechnung der Gitterenergie als „chemische“ Kräfte gedeutet werden. In JOFFÉs Versuch hat man augenscheinlich den Fall vor sich, wo „chemische Affinitäten“ mit grob-mechanischen Apparaten zerrissen werden.

9. Vorlesung.

Kristalloptik. Brechung und Doppelbrechung. Optische Aktivität. — Thermodynamik. Quantentheorie der spezifischen Wärme. Die Verteilung der Frequenzen im Phasenraum.

Die Kristalloptik hat durch die Gittertheorie wesentliche Förderung erfahren; doch will ich nur mit einigen Worten auf die wesentlichsten Punkte hinweisen. In der von MAXWELL begründeten elektromagnetischen Lichttheorie pflegt man die Eigenschaften der als Kontinua aufgefaßten Substanzen durch Angabe einiger Parameter, der „Hauptbrechungsindices“, des „Gyrationsmoduls“, festzulegen. Die Aufgabe der Atomtheorie ist es nun, nicht nur diese Konstanten auf Atomeigenschaften zurückzuführen, sondern auch zu erklären, wie es kommt, daß sich trotz der atomaren Struktur die Erscheinungen durch die MAXWELLsche Kontinuumstheorie beschreiben lassen. Nach vielen Vorarbeiten anderer Forscher (RAYLEIGH, LORENTZ, PLANCK u. a.) ist dieses Problem für Kristalle von EWALD in sehr vollkommener Weise gelöst worden, mit Hilfe einer tiefdringenden Untersuchung der elektromagnetischen Wellen in Dipolgittern. Die dabei gebrauchten mathematischen Methoden sind denen sehr ähnlich, die wir oben bei der Berechnung der elektrostatischen Gitterpotentiale angewandt haben. EWALD konnte zeigen, daß ein beträchtlicher Anteil der *Doppelbrechung* nicht-regulärer Kristalle auf der Gitterstruktur, nicht auf der Anisotropie der Atome, beruht. Zu quantitativen Ergebnissen in dieser Richtung gelangte BRAGG; er berechnete mit gutem Erfolg die Doppelbrechung von Kristallen wie Kalkspat und Aragonit (beides $CaCO_3$) als reine Struktureigenschaft. EWALD selbst hat seine Theorie in anderer Richtung weiter entwickelt; er wandte sie auf die Röntgenstrahlen an, die sich dadurch von Licht im engeren Sinne unterscheiden, daß ihre Wellenlänge nicht groß ist gegen die Gitterkonstante. Die dabei gefundenen Ergebnisse haben gerade in letzter Zeit durch Beobachtung der Brechung von Röntgenstrahlen (ausgeführt von STENSTRÖM, HJALMAR, BRAGG, SIEGBAHN, DAVIS, BERGER und NARDROFF) eine wichtige Anwendung und Bestätigung erfahren.

Geht man nicht, wie es EWALD hier tat, vom langwelligen Licht mit einem Sprung zu den Röntgenstrahlen, sondern untersucht, welchen Einfluß in erster Näherung die Berücksichtigung der Endlichkeit der Gitterkonstante im Verhältnis zur Wellenlänge hat, so stößt man auf ein anderes Gebiet der Optik, das experimentell seit 100 Jahren bekannt ist, das *optische Drehungsvermögen.* Die früher dafür gegebenen Erklärungen waren rein beschreibender Art oder machten Annahmen über die Bewegungen von Elektronen im Atom, die gewiß in der Natur nicht erfüllt sind. Fast gleichzeitig und unabhängig erkannten

Oseen und ich, daß diese Erscheinung einfach herauskommt, wenn man ohne jede neue Annahme etwas genauer rechnet, nämlich die Wellenlänge nicht mehr als unendlich groß ansieht, sondern das Verhältnis der Gitterkonstante zu ihr in erster Näherung berücksichtigt. Für Kristalle erhält man dann von selbst alle jene feinen Erscheinungen, die in den formalen Theorien von Drude, Voigt, Pockels u. a. beschrieben werden. Darüber hinaus kann man aber die Frage stellen, welcher Anteil der optischen Aktivität Eigenschaft der Atome, welcher Eigenschaft des Gitters ist. Mein Mitarbeiter Hermann hat zur Aufklärung dieser Verhältnisse die Kristalle $NaBrO_3$ und $NaClO_3$ einer genauen Durchrechnung unterworfen. Diese sind regulär, also nicht doppelbrechend im gewöhnlichen Sinne, wohl aber zirkular doppelbrechend, d. h. drehend; ihre Ionen in Lösung aber haben kein Drehungsvermögen, dieses muß also eine Struktureigenschaft sein. In der Tat zeigt die durch Röntgenstrahlen bestimmte Struktur die für das Drehungsvermögen nötige Eigenschaft schraubenartiger asymmetrischer Anordnung der Ionen (Abb. 41). Setzt man diese nun als isotrope Dipole voraus, so erhält man durch die Rechnung ein Drehungsvermögen von der richtigen Größenordnung, ja sogar in gar nicht schlechter Übereinstimmung mit der Beobachtung.

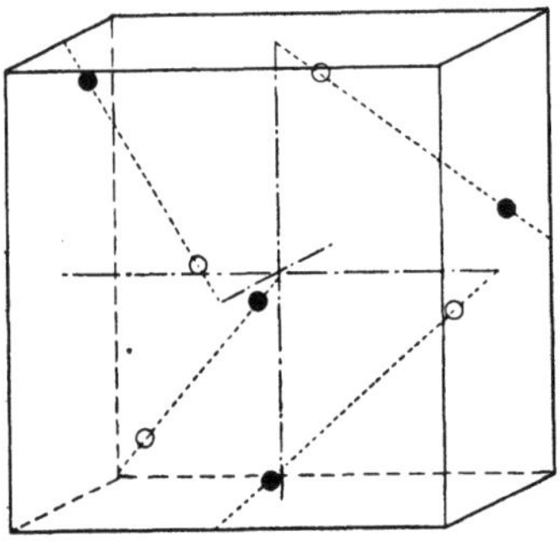

Abb. 41. Natriumchlorat.

Wir kehren nun zum Schluß zur formalen Gittertheorie zurück und werfen einen Blick auf die Erscheinungen, die mit Temperaturänderungen verbunden sind.

Die moderne Theorie dieser Vorgänge nahm ihren Ausgang von einer berühmten Arbeit Einsteins über die spezifische Wärme fester Körper, in der er zum ersten Male die Quantentheorie auf diese Systeme anwandte. Die klassische statistische Mechanik lehrt, daß im thermischen Gleichgewicht die mittlere kinetische Energie jedes Freiheitsgrades denselben, der Temperatur proportionalen Wert $\frac{k}{2}T$ hat; der Proportionalitätsfaktor k

wird BOLTZMANNsche Konstante genannt. Ein Stück eines Kristalls, bestehend aus N Atomen, hat $3\,N$ Freiheitsgrade, also die mittlere kinetische Energie $\frac{3\,N}{2}k\,T$. Sind die Schwingungsamplituden der Atome klein genug, daß man sie als harmonische Schwingungen ansehen kann, so ist die mittlere potentielle Energie nach einem bekannten Satze ebenso groß wie die kinetische. Man hat mithin die gesamte thermische Energie $E = 3\,N k T$, also die spezifische Wärme $C = 3\,Nk$. Handelt es sich um ein Mol, so ist $Nk = R$ die absolute Gaskonstante, ungefähr 2 cal, und die Molwärme wird $c = 3\,R$ ungefähr gleich 6 cal pro Grad. Das ist das bekannte DULONG-PETITsche Gesetz. Aber dieses versagt bei allen Körpern, wenn nur die Temperatur niedrig genug gewählt wird. EINSTEIN erkannte den Grund hiervon in den Abweichungen von den klassischen Gesetzen, die durch die Quantentheorie gefordert werden. PLANCK hatte gefunden, daß die mittlere Energie eines harmonischen Oszillators der Frequenz ν nicht $k\,T$, sondern

$$k\,T \cdot P\left(\frac{h\nu}{k\,T}\right)$$

ist, wo die „PLANCKsche Funktion“

$$P(x) = \frac{x}{e^x - 1}$$

für kleine x $\left(\text{große } \frac{k\,T}{h\nu}\right)$ gegen 1 konvergiert, für große x $\left(\text{kleine } \frac{k\,T}{h\nu}\right)$ aber steil gegen Null abfällt; und es gelang ihm, dieses Ergebnis durch die Annahme von „Energiequanten“ $h\nu$ zu deuten (siehe die erste Serie der Vorlesungen). EINSTEIN übertrug dieses Ergebnis auf den Kristall und erhielt so als thermische Energie

$$E = 3\,k\,T\,P\left(\frac{h\nu}{k\,T}\right), \tag{1}$$

eine Formel, die den qualitativen Verlauf der spezifischen Wärme zu erklären gestattet.

An diesen ersten Ansatz schlossen sich zahlreiche Arbeiten (von DEBYE, v. KÁRMÁN und mir u. a.), die alle darauf hinauslaufen, an Stelle eines Systems von Resonatoren der gleichen Frequenz ν eine Mannigfaltigkeit von verschiedenen Resonatoren zu setzen, deren Frequenzverteilung mit der des wirklichen Kristalls möglichst übereinstimmt. Ist $z(\nu)\,d\nu$ die Anzahl der Resonatoren, deren Schwingungszahl in das Intervall $d\nu$ fällt, so wird also gesetzt:

$$E = \int k\,T\,P\left(\frac{h\nu}{k\,T}\right) z(\nu)\,d\nu\,, \tag{2}$$

wo das Integral über alle vorkommenden Frequenzen zu erstrecken ist.

DEBYE erreichte hiermit den ersten Erfolg; er fand, indem er den Kristall als elastisches Kontinuum auffaßte, das asymptotische Verteilungsgesetz

$$z(\nu)\,d\nu = A\,\nu^2\,d\nu\,, \tag{3}$$

wo A in berechenbarer Weise von den Elastizitätskonstanten abhängt; daraus folgt dann leicht, daß bei tiefen Temperaturen E proportional T^{-4} wird, was durch die Beobachtungen bestätigt werden konnte.

Ich will hier auf die weitere Entwicklung dieser Theorie nicht eingehen, sondern nur darlegen, was mir der tiefere Grund jenes *Verteilungsgesetzes der Eigenschwingungen* zu sein scheint.

Hierzu betrachten wir die Schwingungen in einem einfachen Gitter, deren Gleichungen die Form haben:

$$m\ddot{\mathfrak{u}}_x^l + \mathop{\mathrm{S}}_{l'} \sum_y \Phi_{xy}^{l-l'}\,\mathfrak{u}_y^{l'} = 0\,, \tag{4}$$

wo $\Phi_{xy}^{l-l'}$ den Wert der zweiten Ableitung der potentiellen Energie in dem Gitterpunkt bedeutet, der vom betrachteten Gitterpunkt l den Abstand $\mathfrak{r}^{l-l'} = \mathfrak{r}_l^l - \mathfrak{r}_{l'}^{l'}$ hat. In Wirklichkeit genügen die Randpunkte des endlichen Kristalls etwas andern Gleichungen, und es ist schwer, bei willkürlicher Begrenzung des Kristalls hierüber etwas Bestimmtes auszusagen.

Unsere Methode besteht nun darin, die wirklichen Randbedingungen durch fiktive, aber praktisch gleichwertige zu ersetzen. Wir denken uns ein Stück von $N = L^3$ Zellen aus dem Kristall ausgeschnitten in der Weise, daß dieses ganze Stück der ursprünglichen Zelle ähnlich ist; sodann betrachten wir den Kristall als unendlich, beschränken uns aber auf solche Verrückungen $\mathfrak{u}_x^l$, die bezüglich der großen Zelle L^3 periodisch sind, d. h. für die

$$\mathfrak{u}_x^{l+L} = \mathfrak{u}_x^l$$

gilt.

Für diesen „zyklischen" Kristall lassen sich die Bewegungsgleichungen leicht lösen; man setze

$$\mathfrak{u}_x^l = \mathfrak{u}_x e^{i(\varphi l) - i\omega t}, \qquad \left\{ \begin{aligned} (\varphi l) &= \varphi_1 l_1 + \varphi_2 l_2 + \varphi_3 l_3 \\ \varphi_1 &= \frac{2\pi}{L} p_1, \ldots, \end{aligned} \right.$$

wo p_1, p_2, p_3 alle ganzen Zahlen von 0 bis $L-1$ durchlaufen. Dann ist unsere fiktive Randbedingung, die Periodizitätsforderung, erfüllt, und die Bewegungsgleichungen werden:

$$-m\omega^2 \mathfrak{u}_x + \sum_y a_{xy} \mathfrak{u}_y = 0, \tag{5}$$

wo

$$a_{xy} = \mathop{\mathrm{S}}_{l} \Phi_{xy}^l e^{-i(\varphi l)}$$

gesetzt ist, die Summe erstreckt über das unendliche Gitter. Damit ist das Schwingungsproblem auf eines von 3 Freiheitsgraden zurückgeführt; man findet die Frequenzen als Wurzeln der Determinantengleichung

$$\begin{vmatrix} a_{xx} - m\omega^2 & a_{xy} & a_{xz} \\ a_{yx} & a_{yy} - m\omega^2 & a_{yz} \\ a_{zx} & a_{zy} & a_{tz} - m\omega^2 \end{vmatrix} = 0. \tag{6}$$

Dabei gehören zu jedem Wertetripel p_1, p_2, p_3 3 Wurzeln ω^2. Man übersieht daher die Verteilung der Wurzeln am klarsten, wenn man in einem $\varphi_1, \varphi_2, \varphi_3$-Raume den Würfel mit der Kantenlänge 2π betrachtet und in diesem alle Punkte, deren Koordinaten Vielfache des L-ten Teils der Kante sind. Jedem dieser $L^3 = N$ Punkte entsprechen drei Eigenfrequenzen, und dies bleibt richtig, wie groß auch L gewählt wird. Man kann daher sagen:

Im φ-Raume sind die Eigenfrequenzen gleichmäßig verteilt, und zwar liegen im Intervall $d\varphi = d\varphi_1\, d\varphi_2\, d\varphi_3$

$$dz = \frac{3N}{(2\pi)^3} d\varphi$$

Eigenfrequenzen.

Das ist die Wurzel des Verteilungsgesetzes. Hat man nicht ein einfaches, sondern ein aus s einfachen zusammengesetztes Gitter, so tritt an Stelle des Faktors 3 der Faktor $3s$.

Das DEBYEsche Gesetz entsteht, wenn man von $d\varphi$ auf $d\nu$ umrechnet, was natürlich ohne exakte Lösung der Determinantengleichung (dritten bzw. $3s$ ten Grades) nur näherungsweise geschehen kann.

Die DEBYEsche Näherung wird folgendermaßen gewonnen.

Man sieht leicht, daß unsere Lösung ebene Wellen darstellt; setzt man

$$\varphi_1 = \frac{2\pi}{\lambda}(\mathfrak{a}_1 \mathfrak{s}), \quad \varphi_2 = \frac{2\pi}{\lambda}(\mathfrak{a}_2 \mathfrak{s}), \quad \varphi_3 = \frac{2\pi}{\lambda}(\mathfrak{a}_3 \mathfrak{s}), \qquad |\mathfrak{s}| = 1,$$

so wird nämlich der Exponent

$$(\varphi l) - \omega t = \frac{2\pi}{\lambda}(\mathfrak{r}^l \mathfrak{s}) - \omega t, \qquad \mathfrak{r}^l = l_1 \mathfrak{a}_1 + l_2 \mathfrak{a}_2 + l_3 \mathfrak{a}_3;$$

also ist λ die Wellenlänge, $\mathfrak{s}$ der Einheitsvektor in der Richtung der Wellennormalen.

$\frac{2\pi}{\lambda}$ kann man als Radiusvektor und $\mathfrak{s}$ als Einheitsvektor (Polarkoordinaten) in einem Raume mit den rechtwinkligen Koordinaten

$$\frac{2\pi}{\lambda}\mathfrak{s}_x, \qquad \frac{2\pi}{\lambda}\mathfrak{s}_y, \qquad \frac{2\pi}{\lambda}\mathfrak{s}_z$$

auffassen; dann ist obige Beziehung zwischen φ_1, φ_2, φ_3 und diesen Größen eine lineare Transformation mit der Determinante Δ. Also hat man

$$d\varphi = d\varphi_1\, d\varphi_2\, d\varphi_3 = \Delta\, d\left(\frac{2\pi \mathfrak{s}_x}{\lambda}\right) d\left(\frac{2\pi \mathfrak{s}_y}{\lambda}\right) d\left(\frac{2\pi \mathfrak{s}_z}{\lambda}\right)$$

$$= (2\pi)^3 \Delta \frac{1}{\lambda^2}\, d\left(\frac{1}{\lambda}\right) d\Omega,$$

wo $d\Omega$ das Element der Einheitskugel bedeutet.

Nun nehmen wir mit DEBYE an, daß die Schallgeschwindigkeit

$$c = \lambda \nu$$

annäherungsweise von λ unabhängig, nur von der Wellenrichtung abhängig ist. Diese Voraussetzung ist bis zu einem gewissen Grade bei regulären oder nahezu regulären einatomigen Kristallen (einfachen Gittern) erfüllt; daher hat die DEBYEsche Theorie ihre besten Erfolge bei der Anwendung auf die einatomigen Kristalle. Bei andern Körpern treten Verwicklungen rein mathematischer Art ein, auf die wir nicht eingehen wollen.

Unter jener Annahme kann man $d\varphi$ über alle Raumwinkel integrieren; man führt eine „mittlere Schallgeschwindigkeit“ $\bar{c}$ ein, definiert durch

$$\frac{1}{\bar{c}^3} = \int \frac{1}{c^3} \frac{d\Omega}{4\pi},$$

und erhält dann

$$dz = \frac{3N}{(2\pi)^3} \int \frac{d\varphi}{d\Omega} d\Omega = \frac{12\pi V}{\bar{c}^3} \nu^2 d\nu, \tag{7}$$

wo $V = N\Delta$ das Volumen des Kristalls ist.

Damit haben wir das DEBYEsche Gesetz und die Bedeutung der darin auftretenden Konstante gefunden.

Durch genauere Abschätzung der verschiedenen Schwingungsformen im Kristall (Berechnung von dz in der ν-Skala) erhält man die von verschiedenen Forschern entwickelten Formeln, die gestatten, auch bei kompliziert gebauten und stark anisotropen Kristallen den Verlauf der spezifischen Wärme als Funktion der Temperatur befriedigend darzustellen. Hier sind vor allem einige neuere Arbeiten von GRÜNEISEN über stark anisotrope Kristalle von Metallen (Zn, Cd, Hg) zu nennen. Dieser Forscher ist es auch, der durch eingehende experimentelle Untersuchung die Zusammenhänge zwischen mechanischen und thermischen Vorgängen (thermische Ausdehnung) die Gittertheorie gefördert und gestützt hat. Wir können hier auf diese Fragen nur noch ganz kurz eingehen.

10. Vorlesung.

Thermische Ausdehnung und Pyroelektrizität. Schlußbemerkungen.

Die atomare Theorie der thermischen Ausdehnung und der damit zusammenhängenden Erscheinungen wurde durch eine Arbeit von DEBYE sehr gefördert. Dieser verglich den Vorgang mit der Schwingung eines anharmonischen Oscillators, bei dem das Kraftgesetz nicht symmetrisch zur Nullage ist. Dann wird die mittlere Lage des schwingenden Punktes immer mehr von der Gleichgewichtslage abweichen, je größer die Amplitude ist, und man kann leicht zeigen, daß dieser Effekt dem mittleren Energieinhalt proportional ist. In einem Kristall wird nun etwas Ähnliches gelten; die inneren Kräfte widersetzen sich einer Annäherung der Atome mehr als einer Entfernung, daher wird bei wachsender Schwingungsenergie der mittlere Abstand wachsen, angenähert proportional zu dieser Energie. Der Effekt hängt also von den Abweichungen vom HOOKEschen Gesetz (Proportionalität von Kraft und Verrückung) ab. Man erhält ihn formal einfach so, daß man das Gitter nicht im natürlichen Gleichgewicht, sondern in einem homogen verzerrten Zustande, gegeben durch die Deformationsgrößen $\mathfrak{u}_1, \mathfrak{u}_2, \ldots, \mathfrak{u}_s, u_{xx}, \ldots, u_{yz}, \ldots$, betrachtet und die Schwingungen der Atome um diesen Zustand in Rechnung setzt. Diese dürfen dann, wie man zeigen kann, näherungsweise als harmonisch angesehen werden. Die Abweichung vom HOOKEschen Gesetz aber hat die Folge, daß alle Schwingungszahlen ν des Gitters von den Deformationsgrößen $\mathfrak{u}_k$, u_{xy} abhängen, also auch die thermische Energie E. Statt der Energie betrachtet man besser die „freie Energie“ F von HELMHOLTZ als Funktion der Deformationsgrößen und der Temperatur; man erhält sie aus der freien Energie eines Resonators, die nach PLANCK

$$kT \ln\left(1 - e^{-\frac{h\nu}{kT}}\right)$$

beträgt, durch Summation über alle Eigenschwingungen. Dazu hat man diesen Ausdruck mit $z(\nu)$ zu multiplizieren und nach ν zu integrieren. Ferner muß man noch die Verzerrungsenergie Φ des Gitters additiv hinzufügen; dann erhält man

$$F = \Phi + \int kT \ln\left(1 - e^{-\frac{h\nu}{kT}}\right) z(\nu)\, d\nu. \tag{1}$$

Dabei sind sowohl Φ als auch das Integral Funktionen der Verzerrungsgrößen $\mathfrak{u}_k$, u_{xy}, letzteres hängt überdies von der Temperatur ab.

Nach den Lehren der Thermodynamik bekommt man dann die inneren Kräfte und Spannungen aus den Formeln:

$$\left.\begin{aligned} \mathfrak{K}_{kx} &= -\frac{\partial F}{\partial \mathfrak{u}_{kx}}, \\ K_{xy} &= -\frac{\partial F}{\partial u_{xu}}. \end{aligned}\right\} \tag{2}$$

Wir wollen diese für den Spezialfall kubischer Diagonalgitter etwas näher erläutern. Die Funktion Φ haben wir früher angegeben; sie hat keine linearen Glieder in den Verrückungskomponenten, nur quadratische. Die Frequenzen ν des verzerrten Gitters aber werden auch linear von den Verrückungskomponenten abhängen, und zwar, wie man leicht einsieht, nur von der Verbindung $u_{xx} + u_{yy} + u_{zz} = x_x + y_y + z_z$, die bekanntlich die relative Volumenänderung bedeutet; außerdem kommen quadratische Glieder in $\mathfrak{u}_k$, u_{xy} hinzu, die von der Temperatur abhängen. Man hat also

$$\left.\begin{aligned} F = & -p_0(x_x + y_y + z_z) + \frac{A}{2}(x_x^2 + y_y^2 + z_z^2) \\ & + B(y_y z_z + z_z x_x + x_x y_y) + \frac{B}{2}(y_z^2 + z_x^2 + x_y^2) \\ & + C\left((\mathfrak{u}_{1x} - \mathfrak{u}_{2x}) y_z + (\mathfrak{u}_{1y} - \mathfrak{u}_{2y}) z_x + (\mathfrak{u}_{1z} - \mathfrak{u}_{2z}) x_y\right) \\ & + \frac{D}{2}(\mathfrak{u}_1 - \mathfrak{u}_2)^2. \end{aligned}\right\} \quad (3)$$

Hier sind jetzt A, B, C, D Temperaturfunktionen, die mit sinkender Temperatur sich jenen konstanten Werten nähern, die wir früher allein berücksichtigt haben, und die neue Konstante p_0 ist eine Temperaturfunktion, die für $T \to 0$ verschwindet.

Nunmehr treten an die Stelle der früheren Gleichungen (3. Vorlesung, Formeln (7) und (7′)) die folgenden:

$$\left.\begin{aligned} -\mathfrak{K}_{1x} &= +\mathfrak{K}_{2x} = C y_z + D(\mathfrak{u}_{1x} - \mathfrak{u}_{2x}), \\ -X_x &= -p_0 + A x_x + B(y_y + z_z), \ldots, \\ -Y_z &= B y_z + C(\mathfrak{u}_{1x} - \mathfrak{u}_{2x}), \ldots . \end{aligned}\right\} \quad (4)$$

Wenn sowohl innere Kräfte als Spannungen verschwinden, so erhält man für die scherenden Deformationen $y_z, \ldots$ den Wert Null, nicht aber für die Komponenten $x_x, \ldots$, sondern

$$p_0 = A x_x. \quad (5)$$

p_0 hat also die Bedeutung des „thermischen Druckes“. Der durch (5) bestimmte Wert von x_x ist der **linearen Ausdehnungskoeffizient**

$$\alpha = \frac{p_0}{A} = s \cdot p_0, \quad (6)$$

wo $s = A^{-1}$ als „Elastizitätsmodul“ bezeichnet wird.

Die wirkliche Ausrechnung von α erfordert ein genaues Studium der Frequenzen ν im verzerrten Gitter. BRODY und ich haben die Formeln für den allgemeinen Fall entwickelt und gezeigt, daß auch hier die Annahme elektrostatischer Kohäsion auf die richtige Größenordnung führt.

Für anisotrope, einachsige Kristalle treten an die Stelle von (6) zwei Gleichungen

$$\alpha_\perp = s_{11}\, p_\perp + s_{12}\, p_{||}\,,$$
$$\alpha_{||} = 2\, s_{21}\, p_\perp + s_{22}\, p_{||}\,.$$

Hier sind $p_\perp, p_{||}$ die thermischen Drucke senkrecht und parallel zur Achse, $s_{11}, s_{22}, s_{12} = s_{21}$ Elastizitätsmoduln; und zwar sind s_{11}, s_{22} positiv, $s_{12} = s_{21}$ negativ. Denn ein thermischer Druck (entsprechend einem äußeren, mechanischen Zuge) parallel der Achse ($p_\perp = 0$, $p_{||} > 0$) erzeugt eine Verlängerung parallel der Achse ($\alpha_{||} = s_{22}\, p_{||} > 0$) und eine Querkontraktion ($\alpha_\perp = s_{12}\, p_{||} < 0$), und Entsprechendes gilt für einen thermischen Druck senkrecht der Achse. $p_\perp$ und $p_{||}$ sind Temperaturfunktionen von ähnlicher Art wie die thermische Energie nach DEBYE; ihr Verlauf hängt von den Eigenschwingungen des Gitters ab, und zwar wird $p_{||}(T)$ hauptsächlich von den Schwingungen in der Richtung der Hauptachse des Kristalls beeinflußt, $p_\perp(T)$ von den Schwingungen senkrecht dazu. Wenn nun der Kristall stark anisotrop ist, kann es vorkommen, daß die Schwingungszahlen senkrecht und parallel zur Hauptachse sehr verschieden sind. Nun steigt die PLANCKsche Funktion $P\left(\frac{h\nu}{kT}\right)$ um so früher mit T an, je kleiner ν ist; entsprechendes Verhalten zeigen die Funktionen $p_{||}(T)$ und $p_\perp(T)$. Es kann also vorkommen, daß bei tiefen Temperaturen $p_{||}(T)$ schon merkliche Werte hat, während $p_\perp(T)$ noch verschwindend klein ist. Da nun $s_{12} = s_{21}$ negativ ist, so wird zuerst bei tiefen Temperaturen $\alpha_\perp$ selbst negativ sein und erst später durch den Einfluß von $p_\perp(T)$ zu positiven Werten ansteigen. Diese sonderbare Erscheinung, daß der lineare Ausdehnungskoeffizient in gewissen Richtungen stark anisotroper Kristalle bei tiefen Temperaturen zuerst negativ ist, also Zusammenziehung statt Ausdehnung eintritt, hat GRÜNEISEN experimentell bei den Metallen Zn, Cd entdeckt und auf Grund der vorhandenen Theorie in der angegebenen

Weise erklärt. Durch Messung der Elastizitätskonstanten wies er nach, daß die Schwingungen senkrecht und parallel zur Hauptachse tatsächlich mit sehr verschiedenen Frequenzen erfolgen, und konnte dann durch angenäherte Berechnung der Konstanten s_{11}, s_{22}, $s_{12} = s_{21}$ und der Funktionen $p_{||}(T)$, $p_{\perp}(T)$ den Verlauf des Ausdehnungskoeffizienten in guter Übereinstimmung mit der Erfahrung darstellen (Abb. 42).

Bei Kristallen geringer Symmetrie treten in der freien Energie F auch lineare Glieder in den Komponenten der inneren Verrückungen $\mathfrak{u}_k$ auf; dann liefern offenbar die Gleichgewichtsbedingungen auch bei verschwindenden Kräften und Spannungen relative Verrückungen der einfachen Gitter mit Koeffizienten, die von der Temperatur abhängen. Man erhält also bei Ionengittern ein von der Temperatur abhängiges elektrisches Moment, die Erscheinung der Pyroelektrizität. Der Temperaturverlauf dieser soll wieder ähnlich wie der der spezifischen Wärme sein. Versuche von Ackermann haben auch gezeigt, daß ein analoger Abfall der Pyroelektrizität mit sinkender Temperatur existiert, doch fand er bei tiefsten Temperaturen lineare Abhängigkeit von T, während die Theorie Proportionalität mit T^3 verlangt. Nach Heckmann ist das vermutlich ähnlich zu deuten wie die negativen Ausdehnungskoeffizienten Grüneisens; man hat mehrere, gegeneinander wirkende Temperaturfunktionen, die jenen linearen Anstieg vortäuschen. Doch stehen hier noch entscheidende Messungen und Berechnungen aus.

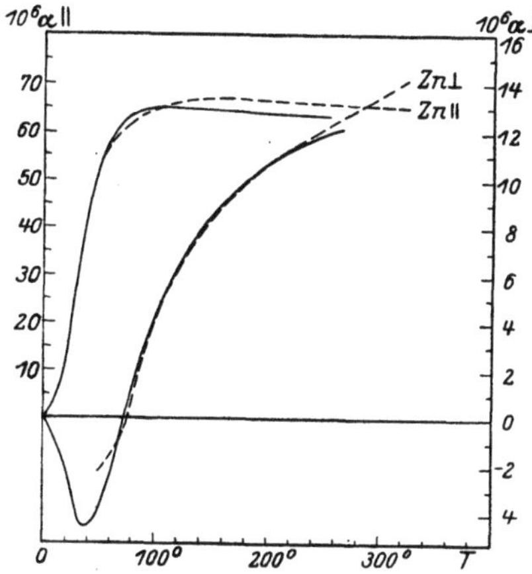

Abb. 42. Anisotropie der thermischen Ausdehnung.
- - - - beobachtete Kurve
——— theoretische Kurve.

Ich konnte in dieser kurzen Übersicht nur einen kleinen Teil der Arbeiten über die Dynamik der Kristallgitter erwähnen, aber ich hoffe, daß der Bericht genügen wird, um

Ihnen ein Bild von den Grundlagen und den Zielen dieser Theorie zu geben. Wenn Sie mich fragen, wie ich mir die weitere Entwicklung denke, so möchte ich glauben, daß in der Richtung der Ionengitter der Stoff ziemlich erschöpft lst. Ein Fortschritt im Verständnis der Gitterstruktur scheint mir nur möglich auf Grund einer Vertiefung unserer Kenntnisse vom Atombau und von der Molekülbildung. Solange wir nicht wissen, wie ein Wasserstoffmolekül gebaut ist, scheint es mir nicht sehr fruchtbar, große Untersuchungen über die Struktur des Diamants oder anderer nicht polarer Kristalle auszuführen. Ich möchte daher die Meinung aussprechen, daß eine Konzentration der Kräfte aller experimentierenden und rechnenden Physiker auf die Probleme des Atombaus und der Quantentheorie der nächste Weg ist, um auch über die Kristalle etwas Sicheres zu erfahren.

Sachverzeichnis.

Zu Seite 55.

	1_1	2_1 2_2	3_1 3_2 3_3	4_1 4_2 4_3 4_4	5_1 5_2 5_3 5_4 5_5	6_1 6_2 6_3 6_4 6_5 6_6	7_1 7_2
1 H	1						
2 He	2						
3 Li	2	1					
4 Be	2	2					
5 B	2	2 1					
6 C	2	2 (2)					
— —	—	— —					
10 Ne	2	8					
11 Na	2	8	1				
12 Mg	2	8	2				
13 Al	2	8	2 1				
14 Si	2	8	2 (2)				
— —	—	— —	— —				
18 A	2	8	8				
19 K	2	8	8	1			
20 Ca	2	8	8	2			
21 Sc	2	8	8 1	(2)			
22 Ti	2	8	8 2	(2)			
— —	—	— —	— — —	—			
29 Cu	2	8	18	1			
30 Zn	2	8	18	2			
31 Ga	2	8	18	2 1			
— —	—	— —	— — —	— —			
36 Kr	2	8	18	8			
37 Rb	2	8	18	8	1		
38 Sr	2	8	18	8	1		
39 Y	2	8	18	8 1	(2)		
40 Zr	2	8	18	8 2	(2)		
— —	—	— —	— — —	— — —	—		
47 Ag	2	8	18	18	1		
48 Cd	2	8	18	18	2		
49 In	2	8	18	18	2 1		
— —	—	— —	— — —	— — —	— —		
54 X	2	8	18	18	8		
55 Cs	2	8	18	18	8	1	
56 Ba	2	8	18	18	8	2	
57 La	2	8	18	18	8 1	(2)	
58 Ce	2	8	18	18 1	8 1	(2)	
59 Pr	2	8	18	18 2	8 1	(2)	
— —	—	— —	— — —	— — — —	— — —	—	
71 Cp	2	8	18	32	8 1	(2)	
72 Hf	2	8	18	32	8 2	(2)	
— —	—	— —	— — —	— — — —	— — —	—	
79 Au	2	8	18	32	18	1	
80 Hg	2	8	18	32	18	2	
81 Tl	2	8	18	32	18	2 1	
— —	—	— —	— — —	— — — —	— — —	— —	
86 Nt	2	8	18	32	18	8	
87 —	2	8	18	32	18	8	1
88 Ra	2	8	18	32	18	8	2
89 Ac	2	8	18	32	18	8 1	(2)
90 Th	2	8	18	32	18	8 2	(2)
— —	—	— —	— — —	— — — —	— — —	— — —	—
— —	—	— —	— — —	— — — —	— — — —	— — —	— —
118 —	2	8	18	32	32	18	8

MIX
Papier aus verantwortungsvollen Quellen
Paper from responsible sources
FSC® C105338

If you have any concerns about our products,
you can contact us on
ProductSafety@springernature.com

In case Publisher is established outside the EU,
the EU authorized representative is:
Springer Nature Customer Service Center GmbH
Europaplatz 3, 69115 Heidelberg, Germany

Printed by Libri Plureos GmbH
in Hamburg, Germany